梁艳君　于文吉　张亚慧　著

重组木的
制造与性能

化学工业出版社

·北京·

内容简介

本书系统地介绍了利用速生林杨木和落叶松制造重组木的工艺和性能，重点阐述制造工艺因子与重组木的力学性能、耐水性能、表面性能和耐候性能之间的关系，为重组木产品产业化提供基础数据，使其可用于室内、户外及建筑结构等多个领域。

本书主要包括以下四个方面的内容：纤维化单板重组木的制造；树种和制造工艺对重组木力学性能和耐水性能的影响；重组木表面性能研究；重组木耐候性能研究。具有较高的学术和应用价值，可供木材科学与技术、木基复合材料科学与工程及家具设计与工程等专业的科研人员、大专院校师生、相关企业的工程技术人员，以及人造板领域的生产、销售与管理人员参考。

图书在版编目（CIP）数据

重组木的制造与性能/梁艳君，于文吉，张亚慧著.—北京：化学工业出版社，2024.3
ISBN 978-7-122-44717-3

Ⅰ.①重…　Ⅱ.①梁…②于…③张…　Ⅲ.①木质复合材料-介绍　Ⅳ.①TB333.2

中国国家版本馆 CIP 数据核字（2024）第 000640 号

责任编辑：邢　涛　　　　　　文字编辑：王丽娜
责任校对：李雨晴　　　　　　装帧设计：韩　飞

出版发行：化学工业出版社
　　　　　（北京市东城区青年湖南街13号　邮政编码100011）
印　　装：北京天宇星印刷厂
710mm×1000mm　1/16　印张8　字数205千字
2024年4月北京第1版第1次印刷

购书咨询：010-64518888　　　售后服务：010-64518899
网　　址：http://www.cip.com.cn
凡购买本书，如有缺损质量问题，本社销售中心负责调换。

定　　价：98.00元　　　　　　版权所有　违者必究

前　言

　　近年来，我国天然林木材资源严重短缺，人工林资源丰富，优质木材资源供需矛盾突出。杨木、桉树、柳杉、马尾松和落叶松作为我国五大速生材种，强度低、径级小是其显著缺点，因此以速生材为原料制备的木质复合材料一直以胶合板等非结构材为主，无法替代优质硬阔叶材。为了充分应用速生小径材，美国等国家研究开发出单板层积材（LVL）、单板条层积材（PSL）、刨花层积材（LSL）和定向刨花层积材（OSL）等多种结构用木质复合材料。除此之外，重组木也是应用速生材生产高性能复合材料的主要研究方向之一。

　　重组木概念在 20 世纪 70 年代被提出，40 多年来国内外研究者一直致力于重组木产业化的研究。在我国，重组材的研究经历了几代的发展，包括传统重组木、重组竹、高性能重组竹和纤维化单板重组木四个阶段。20 世纪 80 年代末，在重组木概念的启发之下，中国林业科学研究院木材工业研究所提出利用竹子制造重组材的设想。研究人员借鉴前期生产重组木的工艺技术，结合竹子本身的特性，采用热压法在实验室成功地制备出了重组竹。此后，南京林业大学和浙江农林大学等院校也相继开展了重组竹研究。

　　此时研究制备的重组竹存在胶合强度差、尺寸稳定性差、严重跳丝和开裂等问题，无法产业化。进入 21 世纪以来，重组竹历经了十几年的发展，其制造工艺取得了突破性的进展，在企业和科研人员的共同努力下，先后成功开发了"冷压热固化法"和"热压法"

两种胶合成型工艺，使重组竹实现了产业化，其产品如家具、地板等一度畅销海内外。但是，竹束疏解不充分和竹青竹黄无法有效胶合，导致竹材的利用率不高，以及大量的小径杂竹无法被工业化利用，使得重组竹的大规模产业化遇到了瓶颈。

2009年，针对竹材疏解和竹青竹黄的胶合难题，在国家重大项目的支持下，中国林业科学研究院木材工业研究所联合企业和其他研究单位，成功地开发出了高性能竹基纤维复合材料制造技术和多功能疏解机，最终攻克了竹青竹黄界面有效胶合的技术难题。通过控制竹材的密度、纤维分离度和树脂导入量等参数，制造出了高性能重组竹，并在结构用材、室内外装饰装潢用材和包装用材等领域共开发了8种新产品，成功地实现了产业化。

经历了传统重组木、重组竹和高性能重组竹的持续渐进发展，特别是高性能重组竹的成功研发和应用，为纤维化单板重组木的研发奠定了基础。借鉴高性能重组竹的生产工艺，中国林业科学研究院木材工业研究所和其他研究机构及企业，一起成功研发出了适应市场需求的纤维化单板重组木产品。与其他非木质类建筑材料相比，纤维化单板重组木具有优良的物理、力学性能和尺寸稳定性，既可用于生产室内室外地板等建筑装饰装潢材料，又可制成结构材用于门窗、梁柱等领域，未来必将成为速生林木材高效利用的主要方向之一。

尽管纤维化单板重组木性能优良，结构和户外市场对其应用的实际表现也很期待，但是作为新型木质复合材料，纤维化单板重组木技术还未达到大规模产业化的程度。因此，有必要对其制造工艺和物理、力学性能之间的关系进行系统的研究，以便开发出更加成熟稳定的工艺流程来指导生产实践。

重组木无论作为非承重结构材料应用于门窗，还是作为休闲景观材料应用于户外，对其表面性能和耐老化性能都提出很高的要求。产品暴露于大气中，会受到紫外线、温度、湿度及其他化学介质的影响，势必导致其诸如颜色、粗糙度、表面形貌和力学性能等的变化。在保证基本的力学性能和物理性能基础上，对其表面性能和耐候性能进行系统的研究和评价是必要的。评价指标规范化后能使其产品更容易被接受，进一步促进产品在新领域的拓展和应用。

　　书中不足之处，请读者不吝赐教。

著者

2023 年 5 月

编者
2023年5月

目　录

第 1 章

绪　论

1.1　重组木的起源和存在的问题

　　二十世纪六七十年代，澳大利亚人工林主要为辐射松，其间伐材的利用是一个大问题，由此促使人们去思考如何高效利用这些间伐材[1-4]。1973 年，澳大利亚科学家科勒曼（John Douglas Coleman）提出帘片式木束加工（scrimming）的想法，即不打乱纤维的排列方向，保留木材的基本特性，进而重新组成具有木桁梁那样强度的产品。很快，Coleman 的想法得到澳大利亚林业科研管理部门的支持，组织开展了一系列的实验室研究，并取得成功[5-7]。同时，美国、德国和日本等国在实验室对重组木这种新型人造板的研究也获得成功[8-9]。

　　实验室研究的成功，使得几乎所有的木材研究机构对重组木大规模产业化都充满信心，甚至有些迫不及待。1985 年，澳大利亚林业科研管理部门首先在投资者的资金支持下，在人工速生林核心产区建设了一座年产预计达到50000m³ 的大型重组木工厂，开始了重组木的产业化推广[10]。之后，日本、德国、加拿大和美国等国家也相继开展了试验性生产[8,11]。我国对重组木的研究也是从 1985 年开始的，首先由中国林业科学研究院木材工业研究所向国家林业部申请科研项目，与江西木材厂合作，一起研制出了马尾松重组木；之后，东北林业大学在生产技术和设备方面进行了大量的研究[12-14]。

在澳大利亚工厂，重组木的生产过程主要由以下 5 个部分组成：①间伐材原料木段准备，主要控制木材直径和含水率；②将木段碾压和进一步展开，得到帘片状（scrim）的坯料；③对湿的帘片状坯料干燥，并对满足含水率要求的坯料施胶；④铺装和热压成型，得到预计尺寸的重组木产品；⑤冷却养护及质量检查[15-19]。以上工艺流程是在实验室研究的基础上形成的，要将中试年产不足 1000m³ 的工艺技术直接移植到年产几万立方米的大型生产线上，还缺乏大型生产设备的详细设计和工业化生产中试。先天不足，必然导致无法健康持续的发展[20]。1991 年，对重组木产品而言，澳大利亚首建的这座标志性的大型工厂宣布正式停产。同时，其他国家的重组木生产几乎都停留在年产 3000m³ 以下[19-20]。

从工艺流程来看，主要问题如下：①生产时并不是所有的间伐材和小径材都可以利用，必须严格挑选，木材的含水率分布不均匀会导致板材密度不均；②碾压工段能耗太高，而且碾压带来的应力集中很难消除；③实验室的施胶工艺并不完全适用于大幅面工业化生产；④铺装设备与工业化生产不匹配，导致生产效率降低；⑤压板之后的热堆放增加生产周期，而且能耗惊人[21-23]。总结起来，重组木诞生之初的三大优势：原料、强度和价格，在这样的工艺技术条件下，几乎全部丧失。

尽管如此，重组木这种产品的发明和探索依然对速生林间伐材和小径材的高效利用有着极其重要的意义。因此，国内外学者从未放弃对重组木的研究，他们在各自熟悉的领域沿用重组理论，采用不同原材料研制出一代又一代新型的重组产品。

1.2 重组木制造及性能的研究进展

1.2.1 纤维化单板重组木制造技术的研究进展

近 10 年来，基于传统重组木理论和技术，我国成功研制出了高性能重组竹，并应用于多个领域[8,24-25]。之后，在传统重组木理论和现有重组竹成功产业化实践的基础上[11]，提出先制备疏解单板后重组的方案，成功制成新型纤维化单板重组木[26]。对于纤维化单板重组木的研究，研究人员各有侧重，其中包括选择树种、改进生产工艺和设备，以及选择胶黏剂等。

1.2.1.1　树种适应性研究

根据密度，重组木所用树种可分为两大类：速生轻质木材和中等密度木材。密度小于 0.50g/cm³ 的木材称为速生轻质木材[27]，是重组木提出之初的目标树种，也是目前重组木的主要原材料；密度在 0.50～0.80g/cm³ 的木材称为中等密度木材[27]，这类木材本身材质软硬适中、加工性能良好，但是其中有些木材由于本身材质不均等问题，并未得到有效利用，通过重组技术，希望做到材尽其用。

我国最早选用的树种是国产马尾松，成功研制出了第一代重组木，并给出了力学性能数值。早期对于树种的研究还有落叶松、杨木和桦木，金维洙等[28] 用它们制备出三种不同的重组木，通过力学性能的比较，认为可以加工出结构用实木材料。

目前，我国的重组木研究总体上仍处于初始阶段，选用的原材料主要有杨木[29-32]、桉树[33-36]、落叶松[37]、木麻黄[38]、椴木边角材[39]、樟树剩余物[40]、桑树枝桠材[41]、竹柳枝桠材[42-44]、沙柳材[45-47] 等。研究发现，上述树种不仅适用于重组木生产，而且可以获得更好的物理力学性能，提供更高的附加值，从而提升木材的经济价值。张亚梅等[48-49] 更是通过试验研究，系统探讨了利用速生轻质木材泡桐、杨木和柳木，以及中等密度木材刺槐和桉树，制备重组木的工艺特点和产品性能。

1.2.1.2　生产工艺及设备研究

由上文对工艺流程的分析可知，早期传统重组木之所以未能成功大规模产业化，其主要问题集中在生产工艺和设备不合理。因此，近年来针对生产中出现的含水率不均以及碾压疏解、施胶、铺装和胶合成型等工艺及设备问题，研究人员一直在积极探索、试验和分析。

树种选定之后，制备重组木的第一步是制备疏解单板。马岩等[50] 对生产重组木的疏解辊轴和机架进行了结构设计，他们利用 ANSYS 软件对疏解辊轴和机架进行静态分析，得到应力云图和位移云图，分析发现这两个关键部件的设计均具有较好的结构强度和刚度；机架模态分析也表明，稳定性满足设计要求，而且可以避免产生共振现象。孟凡丹等[51] 利用杨木和桉木厚单板制备单板层积材（LVL），提出生产相同厚度的 LVL 时，采用 2mm 厚单板生产的 LVL，相比采用 8mm 厚单板生产的，虽然板材的强度有所提高，但耗胶量大幅增加，前者耗胶量是后者的 3 倍以上。

1.2.1.3　胶黏剂选择及施胶研究

制备重组木的第二步是对疏解好的单板进行施胶，施胶方式主要有浸胶法和喷胶法两种。张亚梅和于文吉等[36] 采用常压浸胶法和真空加压浸胶法（真空加压浸胶法即先抽真空至 −0.1MPa 保持 5min，然后加压至 0.8MPa 保持 8min），分别对桉树纤维化单板进行处理，发现在相同浸胶量（16%）条件下，真空加压浸胶法制备的重组木的耐水性能和力学性能更优，并且可有效节省胶耗。陈明及等[42] 采用喷胶法、施胶量范围为 13%～17% 的工艺参数，制备竹柳枝桠材重组木，发现随着施胶量增加，重组木的静曲强度、内结合强度和耐水性能都有所提高，但是对静曲强度和弹性模量的影响并不显著，特别是施胶量达到 15% 以上后。阿伦等[52] 选择施胶量范围为 5%～11% 的工艺参数制备沙柳材重组木，发现随着施胶量增加，重组木的静曲强度、内结合强度和耐水性能都有明显改善，但当施胶量升高到 9% 以上后，这种趋势开始变得不明显，而且耐水性能反而会下降。

胶黏剂固含量对重组材的施胶工艺和材料性能有一定的影响。以重组竹为例，汪孙国等[53] 对胶黏剂固含量与重组竹尺寸稳定性的关系进行了系统研究，发现随着胶黏剂固含量的降低，重组竹竹束达到稳定胶量的时间逐渐缩短，重组竹材的吸水厚度膨胀率也随着胶黏剂固含量的降低而降低。李琴等[54-55] 采用酚醛树脂胶黏剂生产重组竹材，考虑到生产成本和重组竹的尺寸稳定性，认为胶黏剂固含量为 20% 较为适宜。另外，胶黏剂的固含量对重组材的力学性能也有显著影响[56]，程亮等[57-58]采用绿竹和酚醛树脂胶黏剂为试验材料生产重组竹材，发现随着胶黏剂固含量的降低，竹束的浸胶量下降，从而导致重组竹材的内结合强度、静曲强度和弹性模量下降。

制备重组木的第三步是为施胶后的单板选择铺装方式。梁艳君和张亚慧等[59]采用工厂常用的两种铺装方式（随意铺和平行铺），制备杨木重组木，发现两种铺装方式对重组木的力学性能和耐水性能影响均不明显，平行铺装的板坯在成型过程中所需压力较小，时间更短，而且其产品表面纹理更接近木材的天然纹理。陈明及等[42]采用无接头、对接和搭接三种木束铺装方式制备竹柳枝桠材重组木，发现搭接和对接都会降低重组木的力学性能和耐水性能，而且接头越多，力学性能下降越多，吸水性能也会越强；另外在接头层相同的位置测量，搭接制成的重组木，其静曲强度和弹性模量均高于对接制成的重组木。若考虑生产成本，可采用木束接长的方法来铺装，但需合理设计接头位置和层数，防止接头太过集中，影响重组木整体性能。阿伦等[52]分别按相邻层间相差 0°、45°和 90°组坯铺装，制备沙柳材重组木板材，结果发现 0°平行铺装的板材，相比其他两种铺装方式，其力学性能和耐水性能都明显更好。

制备重组木的最后一步是确定所用的胶合成型工艺。借鉴高性能重组竹的生产工艺，胶合成型工艺有冷压-热固化和热压法两种。张亚慧等[60]对比冷压和热压两种生产工艺制备的高性能重组木产品，发现热压法生产的重组木抗弯性能和抗剪性能优良，而冷压-热固化法生产的重组木耐水性能更好。在另一项研究中，邱学海等[29]也采用冷、热压两种生产工艺制备杨木纤维化单板重组木，发现冷压-热固化法生产的重组木力学性能和尺寸稳定性都更好，但当密度增大到 $0.9g/cm^3$ 以上后，密度逐渐成为影响重组木物理、力学性能的主导因素，因此工艺带来的差距逐渐缩小。

另外，特别需要注意，密度是制备重组木的一个重要工艺因素，直接影响重组木产品的力学性能、成本和商业用途。张亚梅等[61]进行重组木的树种适应性研究时，专门探讨了密度对泡桐、杨木和柳木三种速生轻质木材重组木性能的影响，发现随着密度的增加，三种木材制备的重组木的静曲强度、弹性模量和水平剪切强度等力学性能均有增强，杨木和柳木重组木的耐水性能随密度增大而增强，而泡桐自身密度较小（0.27g/cm³），其重组木与实木的压缩比较高，导致耐水性能随密度增大反而下降。在另一项研究中，余养伦等[34]探索制造桉树高性能重组木可行性时，研究了密度对桉树重组木性能的影响，发现随着重组木密度增加，其抗弯、抗剪切、抗拉和抗压强度等力学性能和耐水性能均有不同程度的改善。虽然重组木密度增大带来性能增强，但是同时增加成本，因此，要根据实际情况合理选择密度，兼顾性能和成本。

1. 2. 2　木质复合材料表面性能的研究进展

通常，木质复合材料用于室内家具地板、户外凉亭廊道和建筑结构材等均需经过表面加工，因此，材料表面质量的好坏直接影响到后期表面加工的外观质量，如常见的表面涂饰和贴面的质量与效果等。我国对木质复合材料表面性能，特别是重组材的表面性能缺乏系统的研究，但是可以借鉴较为成熟的木材表、界面性能研究结果。木质材料的表面性能包括表面硬度、表面粗糙度、表面润湿性和表面形貌等，下面重点讨论表面粗糙度、表面润湿性和表面自由能的国内外研究进展。

1. 2. 2. 1　表面粗糙度研究

加工之后，材料表面上存在凹凸不平的痕迹，这些痕迹由许多微小的凸峰和凹谷组成，这些微小凸峰和凹谷的高低以及细密程度构成的微观几何特征称为表面粗糙度。木质复合材料的表面粗糙度是评价其表面质量的重要指标之一，直接影响其产品的用途[62]。用于均质材料的标准化测定方法，也可以用来对木质复合材料及其制品的表面粗糙度进行测定，如接触测定的探针法和非接触测定的激光扫描法等[63]。

表面粗糙度的测定方法主要分为两类：一类是在线测量方法，包括光学、视觉和声发射法；另一类是非在线测量方法，包括探针示踪法、显微法、光切法、气动法，其中探针示踪法是较为常用的非在线测量技术。上述各种方法各有其优势和不足，声发射法扫描速度快，但不能提供实际轮廓曲线；探针技术探测速度慢，但能从探测表面获得实际的轮廓曲线，从而得到更准确的测量结果，而且可操作性和重复性强，因此探针示踪法是目前最常用的木质材料表面粗糙度测定方法之一。

表面粗糙度对木质材料的表面加工性能有重要影响，国内外研究人员在相关领域做了大量工作，探索适合评价木质材料表面粗糙度的方法。Kamdem等[64]采用接触探针示踪法测定研究了木材老化后表面产生的裂纹和裂缝。Lemaster等[65]以中密度纤维板为研究对象，采用光学轮廓曲线仪测定其表面粗糙度。Richter等[66]针对木材表面涂饰性能，采用探针示踪法测定木材表面粗糙度，并研究二者之间的关系。Hizirouglu[67]通过探针示踪法测定了硬质纤维板和中密度纤维板的表面粗糙度。Faust等[68]以松木单板为研究对象，采用探针示踪法测定并对比了其松紧两面的粗糙度特性。李坚等[69]采用探针示踪法测定多个树种在加工过程中的表面粗糙度，用色差仪测量出相应的各项材色参数，并探讨了二者之间的关系。江泽慧等[70]用探针示踪法测量分析了竹青和竹黄的表面粗糙度。王明枝等[71]针对水曲柳、杉木和毛白杨三种木材不同加工的表面，用探针示踪法测量其粗糙度，并分析了影响木材表面粗糙度的因素。关于重组木，这方面研究较少，鲍敏振[37]采用探针示踪法测定了杨木重组木的表面粗糙度，并结合表面润湿性研究评价了户外用重组木的表面性能。

1.2.2.2　表面润湿性研究

根据润湿的热力学定义，若固体与液体接触后体系（固体和液体）的自由能降低，则称为润湿，自由能降低的多少称为润湿度。润湿可分为三类：黏附润湿、铺展润湿、浸湿。润湿作用通常是指表面上一种流体被另一种流体所置换的过程。此过程涉及固体、液体和气体三个相的交替，润湿作用的体系不同，涉及的三个相就不同：两个液相和一个固相、一个气相和两个不相容的液相、三个互不相容的液相以及气、液、固三相。实践中，气、液、固三相最为常见。木质复合材料的润湿作用指的是液体取代固体表面上气体的过程，也就是固体对液体的亲和性，两者间接触角的大小直接反映了液体润湿固体的难易程度。

早在 1972 年，Hse 就开始了木材润湿性的研究，通过测定 36 种不同摩尔比和固含量的酚醛树脂在南方松表面的润湿性，提出在木材润湿过程中，早材表面的接触角小于晚材表面接触角，而且接触角与树脂固含量之间不存在显著关系[72]。Vazquez 等[73] 以桉木单板松紧面为研究对象，得出木质素-苯酚-甲醛树脂在松面的润湿性优于紧面。Singh 等[74] 利用扫描电镜和光学显微镜，分析测定了加工工艺对聚乙烯醇树脂在木材表面渗透性的影响，指出锋利刀刃加工的木材表面有利于胶黏剂的直接渗透。Gardner 等[75] 采用动态接触角测量法研究了树种、粗糙度和老化作用对木材表面润湿性的影响，并利用 X 射线光电子能谱（XPS）测定了木材表面化学基团和化学元素的变化，讨论了表面润湿性和化学成分之间的关系。Stehr 等[76] 以南方松心边材为研究对象，探讨了加工工艺对木材表面润湿性的影响，得出木材砂光后可提高其表面润湿性，胶黏剂黏度越大在木材表面的润湿性越差。

对木材进行物理、化学或老化处理之后，其表面润湿性能会发生变化。Hakkou 等[77] 研究发现，热处理之后木材的接触角增大，润湿性下降。Maldas 等[78] 采用乙醇和丙酮抽提南方松，相比未抽提木材，其表面接触角增大，这是由于南方松木材表面的亲水性物质被抽提去除。Wolkenhauer 等[79-80] 研究发现，经过等离子处理的木材表面润湿性更优。Santoni 等[81] 将木材润湿分为三个阶段，探讨了经过不同的加工工艺处理和老化之后木材的润湿性，得到 24h 老化后木材润湿性较差的结论。Kutnar 等[82-83] 研究得到，密实化处理、热处理和油处理均能降低木材表面的润湿性能。

国内相关研究人员对木材表面润湿性也做了较为系统的研究。周兆兵等[84-85] 基于接触角和时间之间的函数曲线，构建了用衰减系数 K 来评价木材润湿性能的数学模型，运用该模型得出，二苯基甲烷二异氰酸酯（MDI）比脲醛树脂（UF）的 K 值大，因此其在中密度稻草板（MDSB）表面的润湿性能更优；同时，还借助此模型比较了脲醛树脂（UF）和酚醛树脂（PF）胶黏剂在速生杨木表面的润湿性能。马红霞[86] 以漂白毛竹、碳化毛竹和杨木单板为原料制备木质复合材料，采用接触角法测定评价了单元材料的表面润湿性能，并指出改善材料表面润湿性可以提高其胶合性能。

1.2.2.3　表面自由能研究

　　同润湿性一样，木材的表面自由能是指木材表面基团的相互作用，可以通过测量接触角计算得出表面自由能。木材的多孔性、各向异性直接影响木材的表面自由能，同时，木材的表面粗糙度、酸碱性和老化程度，均对其表面自由能有影响。木材表面的多孔性和各向异性，导致液体在木材表面出现接触角滞后现象，即接触角随时间延长而逐渐减小，因此平衡接触角不易测量得到。针对如何测定液体在木材表面的接触角，从而计算木材表面自由能这个问题，研究者们给出了不同观点。

　　结合各种计算公式，基于测定接触角从而计算木材表面自由能的方法，包括较为常见的 Zisman 临界表面张力法、基于一种液体的状态方程法、基于两种以上液体的调和平均法和几何平均法、基于三种以上液体的 CQC 法和 VOCG 法，以及新近提出的接触角滞后法等[87]。

　　Wolkenhauer 等[88-89] 采用热处理、砂光和等离子法处理多种木质复合材料后，对比研究其表面自由能的变化，得出砂光和等离子处理均能使材料表面的极性分量增加，提高复合材料的表面自由能，且等离子处理效果优于砂光工艺，老化处理后表面自由能最低。Gardner[90] 基于 VOCG 方程，通过测定接触角计算出了木材表面自由能及其分量，得出 VOCG 方程是最有效的评估木材表面自由能的方法之一，并指出木材表面自由能的主要成分是范德瓦耳斯力，可以用酸碱分量来表征表面自由能，其中碱性分量为主导，而且酸碱分量可以提供大量的表面信息，这与 Zisman 方法计算得到的表面自由能保持一致的规律。

　　国内研究人员也对木材、竹材等木质材料的表面自由能进行了相关研究。江泽慧等[91] 基于对竹青和竹黄接触角的测量，计算出其表面自由能，并指出同木材一样，竹材的表面自由能也是以稳定的范德瓦耳斯力为主体，不受竹材表面化学成分的影响，其发生变化主要由酸碱力引起。曹金珍等[92] 以防腐处理后的木材为研究对象，通过测定甘油、蒸馏水、甲酰胺和二碘甲烷等 4 种液体在其表面所形成的接触角，结合酸碱作用理论，计算得到木材表面自由能和酸碱力分量，指出对于木材整体，防腐处理木材的表面自由能接近于未处理木材。阮重坚等[93] 结合以下几种方法，包括 Zisman 临界表面张力法、酸碱作用法、调和平均法和几何平均法等，对麦秸表层等秸秆类表面接触角和杨木表面接触角进行测定，分别计算了相应的表面自由能。此外，赵明等[94] 通过接触角和表面自由能的测定，对 5 种木材复合地板的表面性能进行了评价。陈桂华[95] 采用 Zisman 法，通过测定接触角计算得出四种秸秆表面自由能，发现秸秆的表面自由能比木材低得多，属于低能表面固体。如果希望得到理想的秸秆重组材，必须对秸秆表面和胶黏剂进行改性。

除了利用接触角计算表面自由能、表征木材等材料的润湿性之外，反相气相色谱（IGC）也可以用于表征聚合物和木材的润湿性能和酸碱作用。早期，Kamdem[96] 利用 IGC 对桦木木粉的表面自由能进行了表征。Dominkovics 等[97-99] 针对木塑复合材料的表面自由能和表面润湿性进行探究，利用 IGC 对其进行了表征。国内利用 IGC 表征木材及木质复合材料酸碱作用的研究较少，赵殊等[100] 利用反相气相色谱法表征了水曲柳木粉、酚醛树脂和异氰酸酯树脂的表面特性，得到了非极性表面自由能和路易斯酸碱性质。

1.2.3 木质复合材料耐老化性能的研究进展

将材料暴露于大气中，必然会受到紫外线、温度、湿度及其他化学介质的破坏，势必导致其诸如颜色、粗糙度、表面形貌和力学性能等的变化。目前，木质复合材料在环保性和经济性要求提高的状况下，越来越多地被用于户外。对于应用到复杂的户外环境中的材料来说，耐老化性能至关重要，因此在保证基本的力学性能和物理性能的基础上，对其耐老化性能的研究和评价是必要的。

老化是多种环境因素联合发生作用，诸如阳光、高温、冰冻、盐雾及微生物等，它们与复合材料发生物理、化学、生物和机械作用，通过表层进入内部影响复合材料的基体、增强体与界面，从而造成其性能变化的复杂过程。借鉴树脂基复合材料老化机理，木质复合材料的老化机理可以分为：湿热老化机理、紫外光老化机理和化学侵蚀机理等。湿热老化过程包括基体水分子扩散、水分子沿界面的毛细作用、在裂纹和界面脱黏等缺陷中水的聚集，以及纤维微裂纹中水的渗透；紫外光老化机理主要是基体材料发生光氧老化和热氧老化反应，从而使其发生降解；化学侵蚀机理是指酸、碱、盐等化学介质对复合材料的性能影响，包括物理扩散和化学侵蚀两部分[101-103]。

　　木质复合材料的耐老化性主要是指其处在户外自然环境下，随时间延长而抵抗自然环境作用并保持其原有性能的性质。测定耐老化性的试验主要有两类：一类是自然老化，将复合材料放置于户外自然环境中，经受自然气候变化影响，定期测试材料性能，从而评价其耐老化性能；为了缩短试验时间，另一类试验方法是将复合材料放置于室内设备内，使其处于某种特定的气候条件下，称为人工加速老化试验，通过加速试验可以在较短时间内获得材料性能减弱或失效的原因[101]。

1.2.3.1　自然老化研究

　　木质复合材料放置于户外，随时间延长，由于周期性的吸湿和干燥，带来周期性的膨胀和收缩，这对材料表面微裂的产生发挥了重要的作用，而微裂又使更多的木材表面和胶黏剂暴露于户外环境。Roger[104-105] 研究胶合板的户外老化时发现，老化初期胶合板表面产生微裂，随着时间推移微裂增多，并且加宽加深，最终分离成单个的细胞和细胞束；之后，这些细胞、细胞束和其他降解物质被除去，使得木材表面粗糙不平。Yoshida 和 Taguchi[106-107] 经过 7 年的户外老化研究发现，胶合板表面的裂隙和表面材料的降解会影响其胶合剪切强度和静曲强度。Hayashi 等[108] 发现，户外老化使得单板层积材表面产生裂隙，表板发生破裂。Okkonen 等[109] 对结构人造板进行了为期 1 年的户外老化研究，发现其静曲强度和内结合强度都有不同程度的损失。

　　同样，对于刨花板的老化研究发现，表层材料承受更多的环境压力，如果表层材料未被侵蚀破坏，里层就可以受到保护；而如果刨花板的表层材料受到侵蚀破坏，并且变得疏松粗糙后，里层结构相应产生干缩湿胀，导致力学强度下降。CHS Del Menezzi 等[110] 经过 8 个月的户外老化研究发现，未经过热处理的刨花板，其静曲强度、弹性模量和内结合强度的损失比经过 220℃热处理 20min 的刨花板更为严重。

另外，关于重组竹和木塑复合材料，其自然老化文献可以提供参考方法。秦莉[111] 对重组竹进行了为期 9 个月的户外老化试验，发现材料外观颜色值和尺寸随着气候变化而增减，而且热处理工艺对材料老化后的颜色和尺寸都有显著影响；经过户外自然老化，重组竹的静曲强度、弹性模量等力学强度损失不大，热处理对其没有明显影响。胡玉安等[112] 对竹基纤维复合材料染色材进行为期 3 个月的户外自然老化试验，发现随着时间的推移，材料表面明度 L^* 值逐渐降低，而且在试验后期变化趋势逐渐放缓；在 3 个月的户外老化过程中，四种材料的宽度、厚度和质量损失率变化趋势类似，而且醇染材料的宽度、厚度、质量损失率数值均低于水染材料，说明醇染材料的耐老化性能更优。沈洋等[113] 将木塑复合材料分别放置在昆明与西双版纳，经过 180 天的自然气候老化，发现材料表面颜色发生变化，吸水率升高，而且抗弯强度下降严重；分析得出高温暴晒和持续降雨是主要原因，所以添加紫外线吸收剂有助于提高木塑复合材料的抗弯强度和耐水性能。

当复合材料在户外暴露使用时，胶层因湿热和紫外线等因素被降解破坏，其芯层反复收缩膨胀产生的应力削弱了胶结力，从而使材料强度降低。目前木质复合材料常用的胶黏剂有脲醛胶、三聚氰胺胶、异氰酸胶和酚醛胶。脲醛胶易因水解而降解，因而耐老化性差；三聚氰胺胶、异氰酸酯胶具有较好的耐湿性；只有酚醛胶几乎不会因水解而降解，故其耐老化性能最好[114-115]。因此，一般只有酚醛胶刨花板可以作为耐水级结构用刨花板。

1.2.3.2 光老化研究

光老化指的是在太阳光的持续照射下，被照射物体表面形貌和内部结构逐渐发生变化的过程。木材的主要化学成分包括纤维素、半纤维素和木质素，它们在受到日光照射后，吸收紫外线，在木材表面产生自由基类物质，这类物质与空气中的氧气和水反应又生成过氧化氢类物质，从而引发一系列降解反应[114,116-119]。目前光老化研究主要集中在木材上，包括光降解机理、木材表面颜色变化以及两者之间的关系[120-134]，而对木质复合材料的光老化研究相对较少。

木质复合材料的主要成分有纤维素、半纤维素、木质素和胶黏剂，它们对紫外线都有一定程度的吸收，一旦发生紫外老化，其化学结构、颜色、表面粗糙度和物理力学性能[135-136]等都会产生明显变化。通常情况下，光照本身不会对复合材料的力学性能造成影响，但变化的气候条件导致材料内部水分变化，会使材料开裂，最终导致重组材料力学性能下降。另外，紫外老化会降低复合材料的胶合性能，也会导致其力学性能下降，从而影响木质复合材料的使用寿命。用氙灯辐射模拟户外紫外光照，通过人工加速的方法研究光老化现象，可以对复合材料的物理力学性能进行预测。肖伟[137-138]利用氙灯进行1500h老化抗弯和蠕变试验，发现随着老化时间的延长，木粉/高密度聚乙烯（HDPE）复合材料和稻壳/HDPE复合材料的抗弯和蠕变性能均降低，且两种复合材料的重量均减少，材色变化开始明显、后期减弱。杨丽丽[139]对木质剩余物复合材料进行紫外加速老化1000h和2000h，对比添加紫外线吸收剂和未添加紫外线吸收剂的两种木质剩余物复合材料的老化情况，发现未添加紫外线吸收剂的材料表面开裂现象更为严重。

尽管关于木质复合材料光老化研究的文献有限，但是有大量关于其他材料光老化研究的文章可供借鉴。秦莉[111]采用氙灯辐照，对比未涂饰和涂饰后的重组竹表面颜色，发现颜色均发生了变化，但是涂饰后的重组竹具有较高的色稳定性；在氙灯下暴露288h后，未涂饰重组竹的表面粗糙度增加，因为氙灯辐照使竹材表面的化学成分发生了变化。包永洁等[140]将毛竹进行硅溶胶浸渍处理，发现硅溶胶在毛竹细胞腔内的物理填充可以增强毛竹的耐光老化性能，但是随着光老化处理的进行，毛竹内部的硅溶胶会逐渐流失，对毛竹耐光老化性能的改善效果也会减弱。

1.2.3.3 湿热老化研究

木材会随着环境中温湿度的变化，从空气中吸收水分或向空气中散发水分，造成木材含水率的多次反复变化，导致木材力学性能下降，甚至开裂。木质复合材料主要由木材和胶黏剂组成，因此，对温度和湿度变化同样非常敏感。木质复合材料在使用时会受到外力作用，从而产生多种内应力，再加上外部环境中温度和水分变化导致复合材料内部出现温度梯度和水分含量梯度，材料反复出现膨胀和收缩现象，湿热效应自然就产生了。在湿热效应的作用下，复合材料的颜色、表面形貌和物理力学性能等都会发生变化。

关明杰对竹木复合材料的湿热老化效应进行了研究，在湿热效应下分析了竹木复合材料的静态和动态力学性能的变化规律及作用机理，并在测试杨木和竹材的湿热应变的基础上，进行了竹木复合板材变形及失效的模拟分析[141]。虽然关于木质复合材料湿热老化的文献有限，但是可以参考聚合物基复合材料的湿热老化文献，借鉴其研究方法。

一般来讲，复合材料都具有良好的耐腐蚀性能，但是在高温、高湿和紫外线的作用下，腐蚀老化现象时有发生。其中湿热老化是复合材料力学性能降低或失效的主要原因[142-144]，湿热条件造成复合材料内部化学结构的变化和应力状态的改变，以及树脂基体和纤维界面的脱黏和开裂[145-149]。张业明等[150]以风电叶片复合材料为研究对象，将试样分别浸泡在去离子水和3.5％NaCl盐溶液中，9个月后达到吸湿平衡，发现试样在水中老化后，拉伸强度和弯曲强度的保持率均低于在盐溶液中老化后的强度保持率。微观结果表明，吸湿使树脂基体发生溶胀，溶胀使界面处产生内应力，由此造成界面的脱黏和开裂。吕小军等[151]将碳纤维增强树脂基复合材料同样浸泡在去离子水和3.5％NaCl盐溶液中，并且增加了温度因子，高温80℃和低温30℃，由于在去离子水中材料吸水量大于在3.5％NaCl盐溶液中，且温度越高材料吸水增重越大，所以80℃条件下去离子水浸泡对复合材料的力学性能破坏最显著。

1.2.3.4　人工加速老化研究

预测材料和产品的使用寿命是材料开发和产品设计共同关注的问题，而材料的耐老化性能可以通过自然老化和人工加速老化两种方法测试得到。由于自

然老化试验的周期较长，再加上木质复合材料的老化机理较为复杂，因而早在
20 世纪 30 年代，美国国家标准局（The National Bureau of Standards）就制
定了 ASTM D 1037，提出了六周期循环人工加速老化方法，用来模拟严酷的
自然环境，分析酚醛类胶黏剂木质人造板的耐老化性能[152]。其他国家的科研
工作者根据本国的气候环境特点，相继制定了相应的人工加速老化方法，如欧
洲标准 BS EN 1087-1、法国标准 European AFNOR V313、日本标准 JIS A
5908 和加拿大标准 CAN/CSA-1088 等。根据复合材料的性能特点和使用环境
条件，试验人员可以选用适合的加速老化方法。国内从 20 世纪 80 年代末也相
继开展了人造板人工加速耐老化性能的研究[153-157]。

近年来，人们对户外结构材需求增多，对竹材重组材耐老化性能采用人工
加速方法研究也较多，适合借鉴。黄小真等[158-159]对竹材重组材进行人工加
速老化试验，比较了三种不同的老化方法，认为较为温和的欧洲标准 BS EN
1087-1 更适合研究竹材重组材的耐老化性能；之后，采用此方法对冷压、热
压、炭化热压三种工艺生产的竹材重组材进行了耐老化性能测试，材料表面出
现凹凸，因此表面粗糙度发生了一定程度的变化，而且竹材重组材的力学性能
也发生了明显变化。于雪斐等[160]用六周期循环加速老化方法对纤维化竹单
板层积材进行耐老化性能测试，发现在严酷的试验条件下，板材表现出优良的
尺寸稳定性和力学性能。张亚慧等[161]对户外用竹基纤维复合材料采用中国
和美国两种加速老化方法（GB/T 17657—2022 和 ASTM D1037—2012）进行
耐老化性能测试，发现材料的弯曲性能、胶合性能和尺寸稳定性均优于现有商
业化重组竹产品，适合户外环境使用。

1.3 重组木制造及性能分析概述

以速生林小径材杨木和落叶松为主要研究对象，用冷压和热压两种方式压
制性能可控的重组木产品，主要分析制造工艺与重组木的力学性能、耐水性
能、表面性能和耐候性能之间的关系，重点分析胶黏剂在制备过程中的变化趋
势、制造工艺对重组木材料力学性能和耐水性能的影响，并对杨木重组木的表

面性能和耐候性能进行评价，为重组木产品产业化提供基础数据，使其可用于室内、户外及建筑结构等多个领域。

主要包括以下内容。

（1）纤维化单板重组木的制造

以不同厚度的疏解单板和未疏解薄单板为基本单元，选用4种胶黏剂，在工厂制备纤维化单板重组木，并对制备过程中胶黏剂及浸胶单板的性能变化进行研究；用扫描电子显微镜分析木材、纤维化单板和重组木的微观结构。

（2）树种和制造工艺对重组木力学性能和耐水性能的影响

分析不同树种对热压重组木力学性能和耐水性能的影响，探讨重组木密度、树脂浸渍量、单板厚度、铺装方式和胶黏剂对重组木力学性能和耐水性能的影响，以及重组木产品自身的密度梯度和含水率梯度。

（3）重组木表面性能研究

通过测试表面硬度、表面粗糙度、表面接触角，计算表面自由能；研究重组木密度、施胶量（浸渍量）、单板厚度、铺装方式和压制方式对重组木表面性能的影响；并用超景深显微镜测试表面粗糙度和表面形貌。

（4）重组木耐候性能研究

通过测试力学强度、100℃ 28h水煮循环尺寸变化、表面粗糙度、表面颜色值，采用自然老化9个月和人工加速高低温交变湿热老化3个月的方法，研究不同工艺条件下重组木的耐候性能及其力学性能变化规律；并用傅里叶变换红外光谱仪和X射线光电子能谱仪分析老化前后重组木表面化学官能团和化学元素的变化。

1.4　重组木制造技术路线

重组木的制造技术路线如图1-1所示。

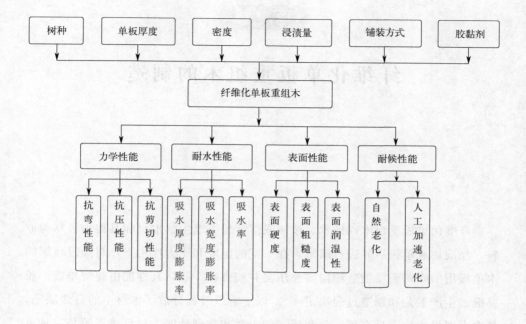

图 1-1　重组木制造技术路线

第 2 章

纤维化单板重组木的制造

纤维化单板重组木以杨木、桉树或落叶松等速生林木材和其他小径材为原料，经旋切成单板后并进行疏解，在一定的温度和压力作用下，将经过疏解的木单板用酚醛树脂浸渍后顺向层叠压实并胶合在一起，其性能由疏解单板、胶黏剂、生产工艺和制造过程决定[26]。以上重组过程分散了木材中的自然缺陷，与实木锯材相比，具有更一致和统一的力学和物理性能，对纤维资源是一种更有效的利用。

借鉴高性能重组竹生产工艺，中国林业科学研究院木材工业研究所提出先制备单板、后进行疏解处理、再生产重组木的想法，解决了传统重组木备料阶段碾压带来的原料单元的均匀性、应力集中和高能耗的问题。本章以杨木和落叶松为研究对象，在实验室试验的基础上，在工厂进行了中试生产试验，在不同的工艺条件下制备了重组木方材。主要探讨了纤维化单板重组木的制造工艺过程，胶黏剂及浸胶疏解单板在工厂生产过程中的性能变化，系统研究了阔叶材和针叶材树种杨木、落叶松及其重组材的微观结构。

2.1 重组木制造工艺

2.1.1 重组木制造材料

速生杨木，径级 30～35cm，用量约 20m³，采自河北省廊坊市文安县。杨木纤维化木单板在廊坊市双安结构胶合板研究所旋切、疏解，旋切前含水率为 64.49%。

落叶松，径级 30～35cm，用量约 8m³，购自天津木材市场。落叶松纤维化木单板在廊坊市双安结构胶合板研究所旋切、疏解，旋切前含水率为 45.58%。

杨木和落叶松原木及纤维化木单板如图 2-1～图 2-3 所示。具体纤维化木单板及旋切单板参数如表 2-1 所示。

(a) 杨木　　　　　　　　　　　　　　　(b) 落叶松

图 2-1　杨木和落叶松原木

(a) 杨木　　　　　　　　　　　　　　　(b) 落叶松

图 2-2　杨木和落叶松单板

胶黏剂，选择两种低固含量胶黏剂（1# 和 2#）和两种高固含量胶黏剂（3# 和 4#），购自太尔胶粘剂（广东）有限公司。四种胶黏剂基本性能参数如表 2-2 所示。

(a) 杨木　　　　　　　　　　　　　　　　(b) 落叶松

图 2-3　杨木和落叶松纤维化单板

表 2-1　纤维化木单板及旋切单板参数

树种	厚度/mm	长度/mm	宽度/mm	含水率/%	吸水率/%
杨木	1.2	2570	65	8.54	71
	4	2570	70	7.89	128
	6	2570	70	8.68	143
	8	2570	70	8.36	129
杨木(薄)	1.8	2540	62	4.68	61
落叶松	8	2570	70	9.43	48
	8	1240	70	9.43	48

表 2-2　四种胶黏剂的基本性能参数

检测项目	1#	2#	3#	4#
固含量/%	44.97	44.97	52.08	53.43
黏度(30℃)/mPa·s	45	45	65	310
固化时间(130℃)	6′57″	6′31″	5′03″	—
pH 值(25℃)	9.71	9.71	9.68	—
碱度/%	2.60	2.60	2.95	—
游离甲醛/%	0.066	0.066	0.29	—
游离酚/%	2.50	2.50	1.189	—
水溶性(25℃)	11.87	11.52	2.01	—
重量/t	4.8	1.2	1.2	—
密度与固含量的对应关系	$Y=0.0034x+0.9916$		$Y=0.0037x+0.988$	$Y=0.004x+0.9883$

注：其中 Y 为密度，x 为固含量。

2.1.2　重组木制造设备

多功能疏解机：自主研发，专利号 ZL 200910089638.6。

冷压机：长葛市新大阳木业有限公司，模具尺寸 150mm×160mm×2540mm。

万能力学试验机：微机控制 MWD-W10，济南时代试金试验机有限公司。

差示扫描量热仪（DSC）：型号 TA Q20，氮气保护，升温 $10℃/min$，参比是不锈钢坩埚。

超景深显微镜：型号 Olympus DSX510，放大倍数 69～20000 倍。

扫描电子显微镜（SEM）：型号 S4800，日本 Hitachi 公司。

浸胶设备、干燥设备、芯层温度测定仪、红外温度测定仪、含水率测定仪、密度测试仪、烘箱、水浴锅、游标卡尺、台秤等。

2.1.3　重组木制造方法

2.1.3.1　重组木制造工艺路线

原木→旋切→裁剪→单板（条）→疏解→干燥→浸胶→二次干燥→计量→装模→冷压成型→高温固化→冷却→脱模→养生→裁边→方材

以上是纤维化单板重组木制备的主要工艺路线，下面讨论纤维化单板的制备、浸渍、干燥、冷压和固化工艺等技术。

2.1.3.2　纤维化单板的制备

制备纤维化单板的工艺流程如图 2-4[37] 所示，主要由木材旋切、裁剪和疏解组成。

用旋切机将原木旋切成不同厚度的单板，并进行裁剪，再用多功能疏解机将旋切单板疏解成纵向不断、横向交织的网状纤维化木单板，并将其干燥至含水率 8% 左右。纤维化单板厚度 4～8mm，宽度 20～30cm。

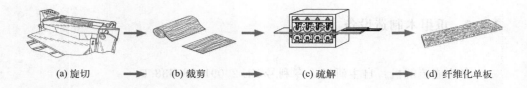

(a) 旋切   (b) 裁剪   (c) 疏解   (d) 纤维化单板

图 2-4 纤维化单板制备工艺流程

杨木质软，旋切单板厚度适合选 4～8mm；落叶松材质较硬、松脂含量高、节子硬且多，最多只能旋到 8mm 左右厚的单板。疏解杨木时，疏解遍数分别为 3 遍、5 遍、7 遍，随着疏解遍数的增加，杨木单板逐渐变软、透光，呈纤维网状交织，其中 7 遍疏解最好。疏解落叶松时，两面共疏解 6 遍，疏解效果好，单板连续、变软，呈纤维网状交织。

2.1.3.3 纤维化单板的浸渍和干燥

纤维化单板的浸胶量计算方法如式(2-1) 所示，浸渍时间 5min，取出立淋 5min，重复 5 次。

$$M=\frac{(m_2-m_1)w}{m_1(1-\alpha)}\times100\%$$ (2-1)

式中，M 为纤维化单板的浸胶量（%）；m_1 为浸渍前的质量（g）；m_2 为浸渍后的质量（g）；w 为胶黏剂的固体含量（%）；α 为浸胶前纤维化单板的含水率（%）。

表 2-3 重组木胶黏剂的浸渍试验

材料	厚度/mm	胶黏剂	浸渍量/%	固含量变化/%
杨木单板	1.2	2#	10～11	12.12～12.71
杨木单板	1.8	1#	10～11	13.71～13.73
杨木单板	1.8	1#	14～15	17.25～17.33
杨木单板	1.8	1#	19～20	25.01～25.08
杨木单板	1.8	4#	14～15	17.87～18.48

续表

材料	厚度/mm	胶黏剂	浸渍量/%	固含量变化/%
杨木疏解单板	4	1#	14～15	10.47～10.09
杨木疏解单板	6	1#	10～11	7.36～7.10
杨木疏解单板	6	1#	14～15	10.47～10.09
杨木疏解单板	6	1#	19～20	13.71～13.73
杨木疏解单板	8	1#	14～15	10.47～10.09
松木疏解单板	8	3#	14～15	17.44～18.04
松木疏解单板	8	3#	19～20	24.99～26.41
松木疏解单板	8	2#	14～15	17.73～17.98

　　选用表 2-2 中的四种胶黏剂浸渍表 2-1 中的杨木和松木单板，具体浸渍参数如表 2-3 所示。如表 2-2 所示，浸渍后，四种胶黏剂的固含量均呈增大的趋势，同时对 pH 值进行测试。后期采用网带式干燥机和干燥窑对纤维化木单板进行干燥，干燥温度 60℃，干燥后的含水率平均值为 10.77%。

　　浸渍和干燥工艺如图 2-5 和图 2-6 所示。本次试验，1.2mm 杨木薄单板浸渍 10min，淋放 20min；1.8mm 杨木薄单板浸渍 20min，淋放 20min；4mm 杨木疏解单板浸渍 5min，淋放 18min；6mm 杨木疏解单板和 8mm 松木疏解单板浸渍 5min，淋放 20min；8mm 杨木疏解单板浸渍 5min，淋放 22min。

图 2-5　浸渍工艺

图 2-6 干燥工艺

2.1.3.4 重组木的冷压工艺及固化工艺

本次试验，杨木重组木的密度设定为 0.80g/cm³、0.90g/cm³、1.00g/cm³ 和 1.10g/cm³ 共 4 种；落叶松重组木的密度设定为 0.90g/cm³、1.00g/cm³ 和 1.10g/cm³ 共 3 种。试验用压机为卧式压机，油缸直径 560mm，个数 6 个，压机吨位 2500t。

本次压制试验共计压制方材 171 根，其中从铺装压制方式来看，平铺较随意铺具有压力小、闭合时间短的优势。现有固化道总长 51m，其中温度分为 5 个区域并进行测温，分别位于固化道的 1m、13m、18m、24m 和 30m 处，后面为降温区。固化温度分别设定为 105℃、130℃、135℃、138℃和130℃。速度为匀速，90s 动一次，一次距离为 100mm，共计用时 13h。压制工艺如图 2-7 所示。

对于冷压固化工艺（长葛），由图 2-8 可知，由于前 13m 温度较低，在105～115℃，共用时约 200min，因而，前期升温速度较慢，较原有固化工艺（宏宇）温度降低了 16.3℃。针对此问题，在用时 280min 处停止运行80min 进行保温升温。在此过程中，芯层温度由 57.6℃升到 75℃，共计升高 17.4℃，并对前区温度进行调整，由 105℃调整为 125℃。在 500min 的时候芯层温度为 99.7℃，原有工艺为 111.4℃，位于固化道的 33m 处，属

图 2-7　重组木平铺装压制工艺

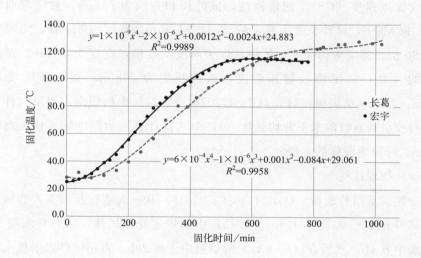

$$y=1\times10^{-9}x^4-2\times10^{-6}x^3+0.0012x^2-0.0024x+24.883$$
$$R^2=0.9989$$

$$y=6\times10^{-4}x^4-1\times10^{-6}x^3+0.001x^2-0.084x+29.061$$
$$R^2=0.9958$$

长葛
宏宇

固化温度/℃

固化时间/min

图 2-8　重组木芯层温度固化曲线

于固化道保温区最后阶段，还有 6m 的高温区。因而采取停止运行 100min 进行保温升温，芯层温度达到 110.5℃后继续运行，最后按照正常运行。整个固化过程中，芯层最高温度达到 127.5℃，历时 17h，其中中间调整 3h，温度在 120℃约为 4h。后期对固化温度区间进行调整，固化时间为 13.5h。对其芯层温度冷却时间进行测试，其中，经过 2h 冷却后整个方材中心温度降低到 118℃，左右两边 20cm 芯层分别降低到 86℃和 96℃；7h 后中心温度降低到 77.3℃，两边降低到 48.8℃；9h 后中心温度降低到 63℃，两边降低到 43.2℃；11h 后中心温度降低到 51.7℃，两边降低到 39.0℃。

2.1.3.5　物理力学性能测试

沿重组木方材厚度方向依次锯解出厚度为 20mm 的片材，选取中间位置的 3 块，按照相应标准制取检测试件。

（1）力学性能

参照《人造板及饰面人造板理化性能试验方法》（GB/T 17657—2022）中的规定，测量试件的密度、静曲强度（MOR）、弹性模量（MOE）、剪切强度和顺纹抗压强度（CS）。测定密度，试件长和宽均为 50mm；测定弯曲性能 MOR 和 MOE，试件长度为厚度的 20 倍+50mm，宽度为 50mm，跨距为厚度的 20 倍；测定剪切强度，试件长度为厚度的 6 倍，宽度为 40mm，跨距为厚度的 4 倍；测定顺纹抗压强度，试件长度为 23mm，宽度和厚度均为 15mm。参照《单板层积材》（GB/T 20241—2021）中的规定，测量试件加载方向与胶层垂直时的水平剪切强度（HSS），试件长度为厚度的 6 倍，宽度为 40mm，跨距为厚度的 4 倍。

（2）物理性能

参照《重组竹地板》（GB/T 30364—2013）和《人造板及饰面人造板理化性能试验方法》（GB/T 17657—2022）中的规定处理试件：①63℃水浸 24h；②沸水中煮 4h，然后在（63±3）℃的烘箱中干燥 20h，再将试件置于沸水中煮 4h。检测处理后试件的吸水厚度膨胀率（TS）、吸水宽度膨胀率（WS）和吸水率（WA）。试件尺寸为 50mm×50mm，试件表面取五个点，并做好标记，以保证每次测量的位置相同。

以上每个性能检测项目各取 6 个试件，结果取其平均值。

2.1.3.6　微观结构测试

超景深显微镜：放大倍数为 208 倍，单板浸渍胶黏剂后表面采用直接拍照,侧面和端头均取中间位置的剖面拍照,压溃的木板选择较大块的样品分析,所有样品均选取 2 个不同的位置拍照。

扫描电子显微镜:原木和重组木采用冷水浸泡软化之后,用切片机切片的方法制取试样。纤维化单板浸渍胶黏剂后径面和弦面采用直接观测,端面无法直接观测,为了防止散坯,先用橡胶管固定,采用冷冻切片机切成小圆柱体并将表面切成光滑面之后再观察。观测时,用导电胶将试样固定在样品托上,抽真空喷金 90s 后,金粉均匀地覆盖在试样表面,之后放入扫描电子显微镜样品架上,抽真空,当压力达到 10kV,开始观测样品并记录相关结果。

2.2　生产过程中胶黏剂及其板材性能的变化

2.2.1　胶黏剂性能在浸胶工艺过程中的变化

差示扫描量热分析(DSC)是程序控制升温,经历样品材料的各种转变,如结晶、玻璃化转变、晶体熔融等,研究样品的放热和吸热反应。DSC是测量输入试样和参比物的热流量差或功率差与温度或时间的关系,可以提供固体或液体材料物理、化学变化过程中有关的吸热、放热、热容变化等定量或定性的信息。由表 2-4 可知,胶黏剂浸渍后,固含量基本呈增加的趋势,pH 值有减小的趋势。从 DSC 结果来看,浸渍后胶黏剂的热熔有不同幅度的降低,其中,同一胶黏剂浸渍后杨木的降低幅度为 16.5%,落叶松的为 4.9%,杨木降低幅度大于落叶松;同一树种,不同胶黏剂在浸渍松木后降低幅度都在 4%~5% 之间,差别不明显。以上 DSC 结果说明浸渍杨木和松木后胶黏剂的反应活性均有所降低,但浸渍杨木后胶黏剂的反应活性降低幅度更大。

由表 2-5 可知,浸渍单板前后,胶黏剂的固化时间差别较大,其中浸渍完松木后,胶黏剂的固化时间变长,增加 118.6%,而浸渍杨木后,胶黏剂的固化时间反而变短,减少 29.9%;浸渍单板前后碱度变化不明显;浸渍单板后,表面张力略有下降，但不明显。

表 2-4   胶黏剂在浸渍前后的 DSC 测试结果

材料	胶黏剂	pH 值	固含量/%	DSC		
				开始放热峰/℃	开始吸热峰/℃	热焓/(J/g)
浸渍前松木单板	2#	9.3	17.73	130	155.6	373.4
浸渍后松木单板		9.0	17.98	127.01	154.32	355
浸渍前杨木单板		9.0	12.12	130.36	157.98	309.4
浸渍后杨木单板		9.0	12.71	128.82	157.22	258.3
浸渍前松木单板	3#	9.7	24.99	137.76	150.15	367.5
浸渍后松木单板		9.3	26.41	127.2	150.47	351.2

表 2-5   胶黏剂在浸渍前后的性能变化

材料	工艺	固化时间(130℃)/min	碱度/%	表面张力/(mN/m)
松木单板	浸渍前	97	1.03	47.04
松木单板	浸渍后	212	1	45.01
杨木单板	浸渍前	157	0.65	47.35
杨木单板	浸渍后	110	0.7	46.13

　　总体来看，浸渍落叶松，其热焓、碱度和表面张力变化不明显，固化时间变长；浸渍杨木单板，其碱度和表面张力变化不明显，热焓降低明显，固化时间变短。上述变化具体原因需要进一步分析。在此基础上，利用红外光谱对浸渍单板前后的胶黏剂化学成分分析，结果表明：浸渍单板前后，胶液的傅里叶变换红外光谱（FTIR）的图谱几乎无变化。

　　用超景深显微镜观察杨木和松木单板浸渍胶黏剂后的表面、侧面和端面，其形貌如图 2-9～图 2-13 所示。结果表明，所有单板的表面均覆盖有胶层，6mm 和 8mm 杨木疏解单板的侧面和端面剖分图显示胶层覆盖均匀，4mm 杨木疏解单板的侧面和端面剖分图可以看出部分区域没有覆盖胶黏剂，而1.8mm 未疏解杨木单板的侧面和端面只有靠近边缘的地方有胶黏剂，中间呈白色的区域是未被胶黏剂覆盖的区域，8mm 松木疏解单板的侧面和端面也均

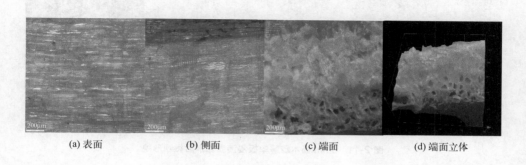

(a) 表面　　　　　(b) 侧面　　　　　(c) 端面　　　　　(d) 端面立体

图 2-9　1.8mm 杨木单板浸渍胶黏剂后微观形貌

有胶黏剂覆盖。说明，疏解工艺形成的裂缝为胶黏剂的渗透提供了更多的通道，胶黏剂可以充分渗透进入 6mm 和 8mm 杨木疏解单板内部；而 1.8mm 未疏解单板内部没有疏解形成的裂缝，胶黏剂只能渗透到边缘部分，内部很难进入。对比图 2-10 和图 2-11 可知，6mm 疏解单板相较 4mm 疏解单板更有利于胶黏剂的渗透，说明 6mm 单板的疏解效果优于 4mm 单板。

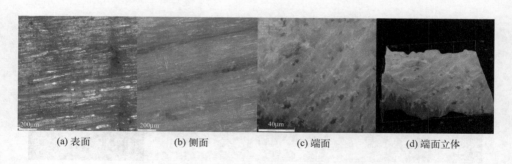

(a) 表面　　　　　(b) 侧面　　　　　(c) 端面　　　　　(d) 端面立体

图 2-10　4mm 杨木疏解单板浸渍胶黏剂后微观形貌

2.2.2　胶黏剂性能在干燥工艺过程中的变化

重组木胶黏剂干燥后性能的变化如表 2-6 所示。

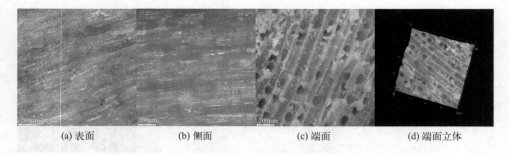

(a) 表面　　　　　　(b) 侧面　　　　　　(c) 端面　　　　　(d) 端面立体

图 2-11　6mm 杨木疏解单板浸渍胶黏剂后微观形貌

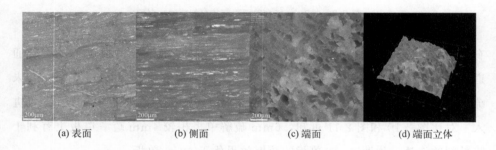

(a) 表面　　　　　　(b) 侧面　　　　　　(c) 端面　　　　　(d) 端面立体

图 2-12　8mm 杨木疏解单板浸渍胶黏剂后微观形貌

(a) 表面　　　　　　(b) 侧面　　　　　　(c) 端面　　　　　(d) 端面立体

图 2-13　8mm 松木疏解单板浸渍胶黏剂后微观形貌

表 2-6　重组木胶黏剂干燥后性能的变化

材料	厚度/mm	浸渍前分子量 M_W	浸渍后分子量 M_W	浸渍量/%
杨木单板	1.8	—	2381	12.79
杨木单板	1.8	1070	2071	15.08

材料	厚度/mm	浸渍前分子量 M_W	浸渍后分子量 M_W	浸渍量/%
杨木单板	1.8	1070	2017	11.72
杨木单板	1.8	1070	1990	21.85
杨木单板	1.2	1070	2374	11.71
杨木疏解单板	4	1070	2610	13.63
杨木疏解单板	6	1070	2126	9.87
杨木疏解单板	6	1070	2282	13.28
杨木疏解单板	6	1070	2476	19.23
杨木疏解单板	8	1070	2503	13.53
松木疏解单板	8	904	2088	14.05
松木疏解单板	8	904	1472	20.87
松木疏解单板	8	1070	2074	13.83

由表 2-6 可知，干燥工艺过程中，在相同浸渍量的情况下，对于纤维化杨木单板而言，浸渍量为 13.28%，6mm 厚杨木疏解单板的树脂保留活性较高，重均分子量的增长幅度为 113.3%；在单板厚度 6mm 的条件下，随着浸渍量的增加，重均分子量增长幅度分别为 98.7%、113.3% 和 131.4%，干燥后胶黏剂保留活性降低，但幅度变化不大；对于 1.8mm 厚度杨木薄单板而言，浸渍量对胶黏剂活性保留率影响不大。对于 8mm 厚纤维化松木单板而言，浸渍量越大，重均分子量越小，干燥后胶黏剂保留活性越高。比较不同树种，落叶松纤维化单板比杨木 1.8mm 薄单板和杨木疏解单板的胶黏剂活性保留率高。

2.2.3　胶黏剂及其板材性能在干燥后放置过程中的变化

在干燥后期，本书研究了胶黏剂及其板材的物理、力学性能和耐水性能在干燥后放置过程中的变化，结果如表 2-7 和表 2-8 所示。

表 2-7 　胶黏剂及其板材的物理、力学性能在干燥后放置过程中的变化

性能	杨木(1#)			松木(3#)		
	0	30d	90d	0	30d	90d
分子量 M_W	2476	10253	11293	1472	5762	6003
分散性	2.32	8.09	7.35	1.70	4.70	4.48
密度/(g/cm³)	0.90	0.90	0.90	1.01	1.01	1.01
静曲强度 MOR/MPa	143.31	140.45	140.10	167.33	163.18	164.52
弹性模量 MOE/MPa	18451	17950	18207	23117	21819	22062
剪切强度 HSS/MPa	15.25	14.46	14.27	14.45	13.73	13.58

　　采用 1# 胶黏剂浸渍 6.0mm 杨木纤维化单板和 3# 胶黏剂浸渍 8.0mm 松木纤维化单板为原料,在自然环境下,分别放置 30d 和 90d 后对胶黏剂及其板材的性能进行检测。由表 2-7 可知,随着放置时间的延长,板材的力学性能有下降趋势,但幅度不明显,而且放置 30d 后抗弯性能和剪切性能几乎保持不变;胶黏剂的分子量逐渐增大,放置 30d 时,杨木和松木分别增大 314.1% 和 291.4%;放置 30d 时分散性最大,密度无变化。由表 2-8 可知,板材的耐水性能呈不同程度的下降,其中 100℃28h 水煮循环条件下,板材的耐水性能下降幅度最大,放置 90d 后,杨木单板吸水厚度膨胀率增大 35.3%,松木单板吸水厚度膨胀率增大 54%。这是因为在放置过程中,分子量和分散性增大,说明胶黏剂发生了一定程度的预聚合、预固化,酚醛树脂的预固化造成材料胶合能力的下降,从而导致杨木和松木单板耐水性能下降。

表 2-8 　浸胶单板耐水性能在干燥后放置过程中的变化

性能	杨木(1#)			松木(3#)		
	0	30d	90d	0	30d	90d
20℃24h TS/%	0.76	0.72	0.70	2.12	2.35	2.71
20℃24h WS/%	2.13	2.51	3.29	4.45	5.40	5.53
20℃24h WA/%	14.22	14.05	16.37	17.98	15.92	17.30
63℃24h TS/%	1.57	1.49	2.12	3.67	3.89	5.46

性能	杨木（1#）			松木（3#）		
	0	30d	90d	0	30d	90d
63℃24h WS/%	6.38	8.85	9.89	8.49	10.09	13.13
63℃24h WA/%	23.17	28.14	29.36	22.58	23.84	28.36
100℃28h TS/%	2.35	3.07	3.18	4.48	4.72	6.90
100℃28h WS/%	15.14	20.79	20.81	11.24	13.04	17.63
100℃28h WA/%	25.26	42.95	53.91	29.98	29.62	35.33

注：其中 TS 为吸水厚度膨胀率，WS 为吸水宽度膨胀率，WA 为吸水率。

2.3　原木及重组材微观构造分析

2.3.1　杨木和落叶松微观结构

为了研究疏解后以及重组成型后板材的微观结构，本书首先研究了杨木和落叶松在疏解前的微观结构特点。

杨木和落叶松的横切面如图 2-14 所示。从图 2-14（a）中可知，杨木主要由导管、木射线和木纤维组成。导管是轴向疏导组织，孔径大、壁薄；木射线是横向疏导组织，细胞壁也很薄；木纤维细胞壁厚、孔径小，是主要的机械支撑组织。从图 2-14（b）中可知，落叶松主要由早材管胞、晚材管胞和木射线组成。早材管胞是轴向疏导组织，孔径大、壁薄、呈长方形；晚材管胞壁厚、孔径小，是主要的机械支撑组织，早材管胞比晚材更宽；木射线细胞壁薄，主要起横向疏导作用。

阔叶材杨木和针叶材落叶松微观结构差异很大，导致采用的单板旋切工艺和可以旋切的单板厚度、疏解设备和疏解次数、浸胶干燥工艺等都有不同。此外，结构差异使得杨木和落叶松重组木表现出不同的力学性能和耐水性能。

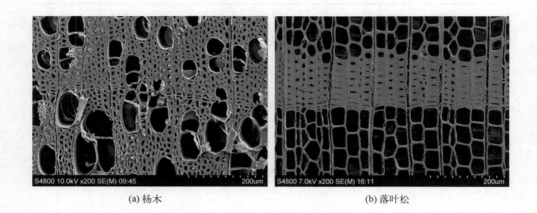

(a) 杨木   (b) 落叶松

图 2-14　杨木和落叶松横切面扫描电镜图

2.3.2　杨木和落叶松纤维化单板微观结构

　　杨木和落叶松纤维化单板的横切面如图 2-15 所示。从图 2-15（a）中可知，杨木的导管和木射线薄壁细胞被撕裂断开，细胞腔呈开放不完整的形态，整体结构不再平整有序；纤维细胞沿胞间层被切开，细胞壁基本保持完整。经过疏解，导管、木射线和纤维细胞一簇一簇聚集在一起形成细胞群，为胶黏剂的浸渍渗透打开了更多的通道。从图 2-15（b）中可知，落叶松的早材管胞和木射线薄壁细胞同样被撕裂断开，细胞腔被打开；晚材管胞壁厚，疏解过程几乎未对其细胞壁造成破坏，只是沿着胞间层被分离。经过疏解，早材管胞、晚材管胞和木射线同样形成一簇一簇的细胞群，中间是点状或线段状的裂纹，交织排列，有利于胶黏剂的渗透进入。

2.3.3　杨木和落叶松重组木微观结构

　　杨木和落叶松重组木的横切面如图 2-16 所示。经过重组过程，杨木和落叶松薄壁细胞的细胞腔被压缩密实，厚壁细胞变形不大，细胞结构重新变得平整

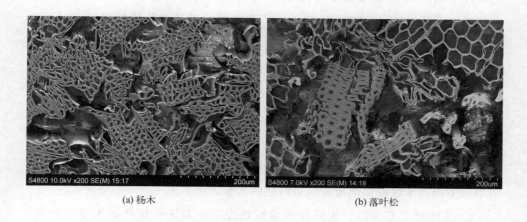

(a) 杨木　　　　　　　　　　　　　　　　　(b) 落叶松

图 2-15　杨木和落叶松纤维化单板横切面扫描电镜图

有序,而且比未压缩前结合得更加紧密,单位面积观测到的孔隙率大幅下降。

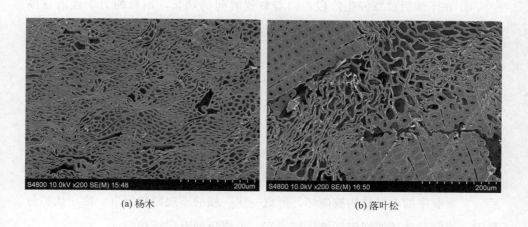

(a) 杨木　　　　　　　　　　　　　　　　　(b) 落叶松

图 2-16　杨木和落叶松重组木横切面扫描电镜图

2.4　小结

本章以杨木和落叶松为原材料,经疏解得到纤维化木单板,在 5 种不同工艺条件下制备出 13 组重组木，利用差示扫描量热分析（DSC）、超景深显微镜和扫描电子显微镜（SEM）进行表征，主要探讨了纤维化单板重组木的制造工艺过程，浸渍、干燥和干燥后放置期等生产工艺对胶黏剂及其板材的影响，以及杨木、落叶松及其重组材的微观结构，得出的主要结论如下。

① 在胶黏剂浸渍工艺过程中，胶黏剂浸渍落叶松后热焓、碱度和表面张力变化不明显，固化时间延长 118.6%；浸渍杨木单板后碱度和表面张力变化不明显，热焓降低明显，固化时间缩短 29.9%。超景深显微镜观察得出，随着单板的疏解，纤维化单板的端头部分到端面均有胶层覆盖，而 1.8mm 未疏解单板中间有未被胶黏剂覆盖的呈白色的区域。

② 在干燥工艺阶段，相同浸渍量的情况下，对于纤维化杨木单板而言，6mm 厚度纤维化单板的胶黏剂保留活性较高，重均分子量增长幅度为 113.3%；在相同单板厚度的条件下，随着浸渍量的增加，干燥后胶黏剂保留活性降低，但幅度变化不大。

③ 在干燥后放置养生阶段，随着放置时间的延长，板材的力学性能逐渐降低，但幅度不明显；胶黏剂的分子量逐渐增大，分散性逐渐变大。干燥后，放置 30d，杨木和松木单板胶黏剂分子量分别增大 314.1% 和 291.4%。板材的耐水性能呈不同程度的下降，放置 90d 后，浸渍单板 100℃28h 水煮循环的耐水性能下降幅度最大，杨木单板吸水厚度膨胀率（TS）增大 35.3%，松木单板（TS）增大 54%。

④ 扫描电子显微镜观测得出，杨木和落叶松在疏解过程中，首先被破坏的是薄壁细胞组织，杨木的导管和木射线，落叶松的早材管胞和木射线。疏解后，平整有序的木材结构被破坏，形成一簇一簇的不规则细胞群。冷压成型过程中，疏解时破坏的细胞群被压缩密实，形成新的有序结构。

第 3 章

树种和制造工艺对重组木力学性能和耐水性能的影响

———

力学性能和耐水性能（尺寸稳定性）是衡量纤维化单板重组木优劣的重要性能指标，通过控制生产过程中的制造工艺因子，可以获得理想的力学性能和耐水性能。重组材的力学性能主要由木纤维的力学性能和比例，以及胶黏剂与木材组织之间的界面胶合强度决定；耐水性能主要由胶黏剂在木材组织中分布的均匀程度，和在木材细胞中的胶接程度决定[13]。

木材主要由起承载作用的厚壁细胞和起疏导作用的薄壁细胞组成，其中，导管、木射线和早材管胞等薄壁细胞容易吸水发生膨胀。单板疏解后，平整有序的木材结构被破坏，形成一簇一簇的不规则细胞群，其间布满纵横交错的网状裂纹；之后通过浸渍，酚醛树脂胶黏剂覆盖在木材表面，并沿着裂纹渗透进入薄壁细胞破裂的细胞腔和胞间层中，在高压作用下，薄壁细胞的细胞腔被压缩密实，单位面积内木纤维增多，细胞腔内形成胶钉，其内壁附着一层胶膜[162]。

杨木和落叶松微观结构不同，胶黏剂的分布情况和压缩后密实程度也不同，所以本章将探讨树种对重组木力学性能和耐水性能的影响。密度和树脂浸渍量决定重组木的密实程度和胶合界面性能，疏解单板厚度、铺装方式和胶黏剂性能等工艺因子对重组木力学性能和耐水性能也有不同程度的影响，此外重组木产品本身的纵向密度梯度和含水率梯度也是重要的工艺性能指标，所以本章对以上工艺因子和重组木性能之间的关系进行了系统研究，以期为重组木的工艺优化和产业化提供理论指导数据。

3.1 重组木制造参数

速生杨木，同 2.1.1 重组木制造材料部分。

落叶松，同 2.1.1 重组木制造材料部分。

酚醛树脂胶黏剂，购自太尔胶粘剂（广东）有限公司，同第 2 章 1# 胶黏剂。

冷压重组木，同第 2 章。

多功能疏解机：自主研发，专利号 ZL 200910089638.6。

热压机：型号 QD-100，上海人造板机器厂有限公司，模具尺寸 2550mm ×1300mm×22.5mm。

万能力学试验机：微机控制 MWD-W10，济南时代试金试验机有限公司。

浸胶设备、干燥设备、芯层温度测定仪、红外温度测定仪、含水率测定仪、烘箱、水浴锅、游标卡尺、台秤等。

热压重组木的制造工艺路线如下。

原木→旋切→裁剪→单板（条）→疏解→干燥→浸胶→二次干燥→计量→装模→热压成型→冷却→养生→裁边→板材

热压温度设定为 150℃。热压试验密度设定：落叶松以 $1.10g/cm^3$ 为主，同时探讨密度对性能的影响，分别压制 $0.80g/cm^3$、$0.90g/cm^3$、$1.00g/cm^3$ 和 $1.20g/cm^3$；杨木以 $1.00g/cm^3$ 为主，同时探讨密度对性能的影响，分别压制 $0.80g/cm^3$、$0.90g/cm^3$、$1.10g/cm^3$ 和 $1.20g/cm^3$。浸渍工艺：落叶松采用浸渍 5min，淋放 3min，浓度为 15%，浸渍量约为 19%；杨木采用浸渍 3min，淋放 5min，浓度为 10%，浸渍量约为 17%。

力学性能和耐水性能测试方法同第 2 章。

3.2 树种对纤维化单板重组木性能的影响

以杨木和落叶松为试验对象，采用热压方式压制纤维化单板重组木，在密度为 $0.8～1.2g/cm^3$ 范围内分析杨木重组木和松木重组木的性能，从而探讨不同树种对重组木性能的影响。

3.2.1　树种对重组木力学性能的影响

由图 3-1 可知，在相同浸渍量的条件下，密度为 $1.05g/cm^3$ 时，杨木重组木和松木重组木的静曲强度和弹性模量几乎相等，当密度从 $1.05g/cm^3$ 增大到 $1.25g/cm^3$，杨木重组木的静曲强度呈增长的趋势，增长幅度为 67.16%，但弹性模量几乎无变化；松木重组木的静曲强度和弹性模量先增大后减小，但弹性模量变化幅度不大。

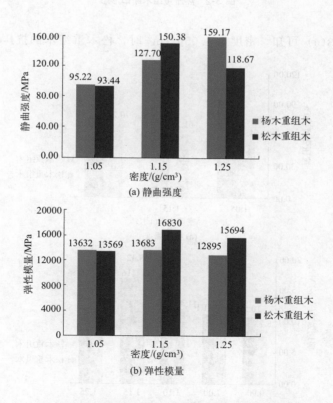

图 3-1　杨木重组木和松木重组木抗弯性能对比

由于静曲强度增大的同时弹性模量变化不明显，密度较大的试件在测试过程中，断裂面呈现整齐状态，如图 3-2 所示。

图 3-2　热压重组木断口形态

由图 3-3(a) 可知，密度为 $1.05g/cm^3$ 时，松木重组木的抗压强度是杨木

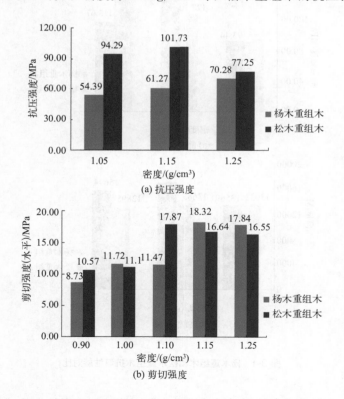

(a) 抗压强度

(b) 剪切强度

图 3-3　杨木重组木和松木重组木抗压和抗剪切性能对比

重组木的 1.73 倍，且随着密度增大，杨木重组木的抗压强度呈增长的趋势，松木重组木先增大后减小；密度为 $1.15g/cm^3$ 时，松木重组木的抗压强度是杨木重组木的 1.66 倍；密度增大为 $1.25g/cm^3$ 时，松木重组木的抗压强度是杨木重组木的 1.1 倍，两个树种重组木抗压强度差距缩小。以上抗压强度的变化是因为密度增大，松木中抽提物对抗压强度的贡献减小，当密度增大为 $1.25g/cm^3$ 时，密度本身开始起主导作用。由图 3-3(b) 可知，密度增大，两个树种重组木的剪切强度均呈先增大后减小的趋势，拐点在 $1.15g/cm^3$ 左右。综上所述，密度增大，杨木重组木的力学强度总体呈增大趋势，松木重组木呈现先增大后减小的趋势，拐点在 $1.15g/cm^3$ 左右。

3.2.2　树种对重组木耐水性能的影响

采用三种处理条件测试重组木的耐水性能，结果如图 3-4 和图 3-5 所示。由图 3-4 可知，密度增大，杨木重组木的吸水宽度膨胀率在 20℃24h 和 63℃24h 条件下变化不明显，而在 100℃28h 条件下，密度增大，吸水宽度膨胀率先减小后增大，密度高于 $1.00g/cm^3$ 后吸水宽度膨胀率变化不明显；吸水厚度膨胀率随着密度的增大而减小，其中 20℃24h 和 63℃24h 条件下变化不明显，而在 100℃ 28h 条件下变化明显，且吸水厚度膨胀率均小于 10%，随着处理条件的变化，在 100℃下会形成皱褶状凸起。由图 3-5 可知，密度增大，三种处理条件下松木重组木吸水宽度膨胀率和吸水厚度膨胀率均减小，在 100℃28h 条件下，1.15/ cm^3 吸水厚度膨胀率小于 10%，$1.30g/cm^3$ 吸水厚度膨胀率小于 5%。

在更宽的密度范围内（密度 $0.7\sim1.3g/cm^3$），对比分析杨木重组木和松木重组木的耐水性能变化趋势，结果如图 3-6 所示。在 100℃28h 条件下，杨木重组木的吸水宽度膨胀率逐渐减小，而且下降趋势平缓；松木重组木的吸水宽度膨胀率先增大后减小，峰值在密度为 $0.85g/cm^3$ 时出现。对于吸水厚度膨胀率和吸水率，杨木和松木重组木均随密度增大而减小，而且下降趋势平缓，拟合曲线的斜率相近，且杨木重组木耐水性能整体优于松木重组木。这是因为松木中含有松油等非极性抽提物，会阻碍酚醛树脂进入木材的微孔中，从

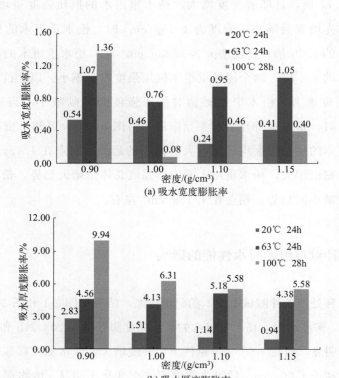

图 3-4 杨木重组木的耐水性能

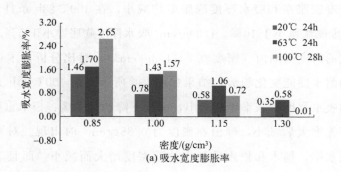

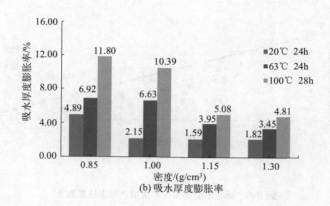

图 3-5　松木重组木的耐水性能

而减少胶合过程中形成的有效机械胶钉，而且非极性抽提物不利于胶黏剂的极性基团与木材中的羟基形成氢键，进一步减弱胶合性能，最终导致松木重组木的耐水性能较差。

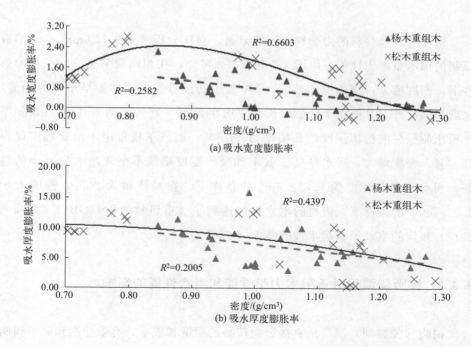

图 3-6

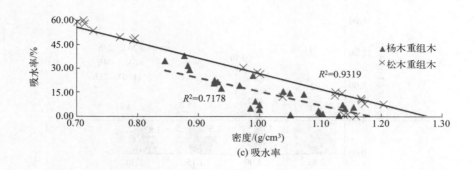

图 3-6　杨木重组木和松木重组木耐水性能对比

3.3　制造工艺因子对纤维化单板重组木性能的影响

3.3.1　密度对重组木力学性能和耐水性能的影响

　　密度对复合材料的力学性能影响显著，对比分析薄单板和 6mm 疏解单板压制的杨木重组木性能，由图 3-7 和图 3-8 可知，在相同浸渍量（20％）的条件下，密度增大，薄单板和 6mm 厚单板压制板材的力学性能呈增长的趋势，除剪切强度外，其他力学性能增长幅度均在 20％～35％之间。其中，6mm 厚单板压制板材的剪切强度增长幅度为 45.6％，而薄单板重组木增长幅度仅为 16.6％。密度增大，吸水厚度膨胀率和吸水宽度膨胀率呈先增大后减小的趋势，拐点出现在密度为 $0.85g/cm^3$ 的条件下。在浸渍量为 20％，密度大于 $1.05g/cm^3$ 的条件下，板材的耐水性能达到了《重组竹地板》（GB/T 30364—2013）规定的室外地板耐水性的要求（TS≤10％）。

3.3.2　树脂浸渍量对重组木力学性能和耐水性能的影响

　　树脂（胶黏剂）浸渍量直接影响产品的质量和成本，有效控制和调节树脂浸渍量，对于降低产品成本、保证产品质量的稳定性，有着十分重要的意义。

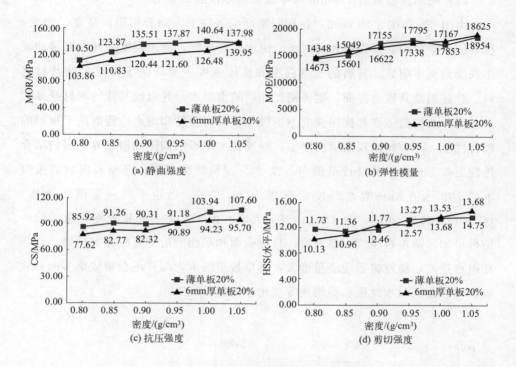

图 3-7　密度对杨木重组木力学性能的影响

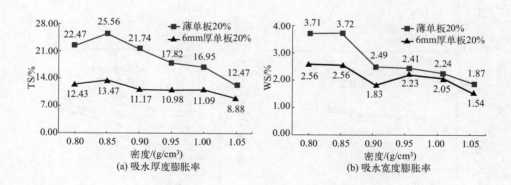

图 3-8　密度对杨木重组木耐水性能的影响

以下是对 1.8mm 薄单板和 6mm 厚疏解单板压制的杨木重组木的力学性能和耐水性能的分析。

（1）树脂浸渍量对 1.8mm 薄单板重组木性能的影响

由图 3-9 和图 3-10 可知，在相同密度的条件下，随着树脂浸渍量的增大，板材的水平剪切强度先增大后减小，耐水性能增强，静曲强度、弹性模量和抗压强度差别不明显。材料的抗弯强度和抗压强度主要取决于重组木的基材材料、胶黏剂及其胶合界面，制备密度相同的重组木，其组成基体的木材纤维含量相同，故抗弯强度和抗压强度差别较小。剪切强度和耐水性能取决于材料的胶合性能，随着树脂浸渍量的增加，纤维化木单板结构体和树脂界面层的结合性能更高。在本试验设计范围内，在 20% 浸渍量情况下，薄单板压制的重组木的 28h 水煮循环吸水厚度膨胀率为 16.95%，仍达不到《重组竹地板》（GB/T 30364—2013）中 TS≤10% 的要求。由 2.2.1 中的超景深显微镜分析结果可知，薄单板浸渍胶黏剂后，只有表面和端面的边缘有胶黏剂覆盖，内部却很难进入，即使树脂浸渍量增大，薄单板重组木内部并不会形成更多的有效胶合，因此其耐水性能和剪切强度变化不明显。

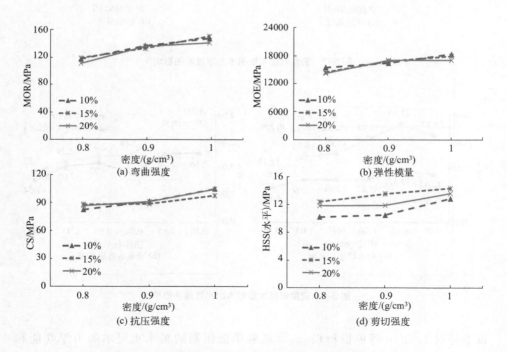

图 3-9　树脂浸渍量对 1.8mm 薄单板重组木力学性能的影响

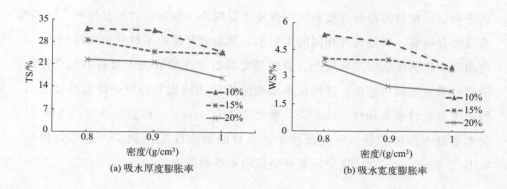

图 3-10　树脂浸渍量对 1.8mm 薄单板重组木耐水性能的影响

（2）树脂浸渍量对 6mm 厚疏解单板重组木性能的影响

由图 3-11 和图 3-12 可知，在相同密度的条件下，随着树脂浸渍量的增

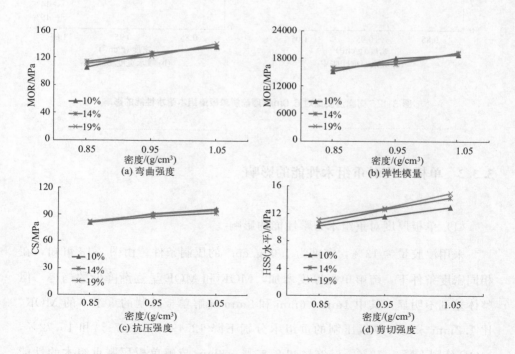

图 3-11　树脂浸渍量对 6.0mm 厚疏解单板重组木力学性能的影响

大，板材的剪切强度增大，耐水性能增强，弯曲强度、弹性模量和抗压强度差别不明显。材料的弯曲强度和抗压强度主要取决于重组木的基材材料、胶黏剂及其胶合界面，制备密度相同的重组木，其组成基体的木材纤维含量相同，故弯曲强度和抗压强度差别较小。剪切强度和耐水性能取决于材料的胶合性能，随着树脂浸渍量的增加，纤维化木单板结构体和树脂界面层的结合性能更高。综合考虑板材成本和性能的要求，密度为 1.05g/cm^3，树脂浸渍量为 14% 时，杨木重组木性能较优。在此条件下，板材的耐水性能达到了《重组竹地板》（GB/T 30364—2013）规定的室外地板耐水性的要求。

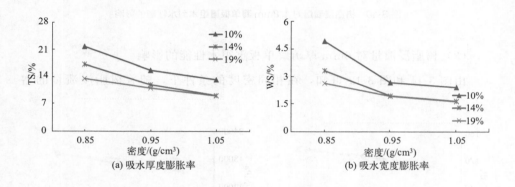

图 3-12　树脂浸渍量对 6.0mm 厚疏解单板重组木耐水性能的影响

3.3.3　单板厚度对重组木性能的影响

（1）单板厚度对重组木力学性能的影响

采用浸胶量为 13%，密度为 1.00g/cm^3 的压制条件。由图 3-13 可知，在相同密度条件下，疏解单板厚度增加，MOR 和 MOE 呈逐渐降低的趋势，但整体差别不明显。其中 4mm、6mm 和 8mm 疏解单板压制的重组木的 MOR，比 1.2mm 未疏解单板压制的重组木分别下降 12.49%、13.74% 和 16.72%，MOE 分别下降 5.78%、6.26% 和 8.35%，8mm 疏解单板压制重组木的性能下降幅度最大。由于重组木的刚度和强度由其密度决定，制备密度相同的重组木，其组成基体的木材纤维含量相同，故抗弯性能的差别较小。单板越厚，疏解过程对单板的刚度和强度破坏越严重，木材本身的结构破坏越多，导致 8mm 疏解单板压制而成的重组木性能下降幅度最大。

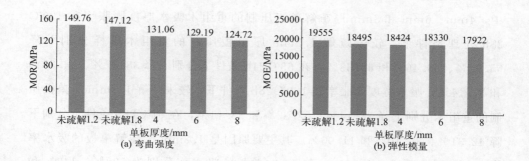

图 3-13　单板厚度对重组木抗弯性能的影响

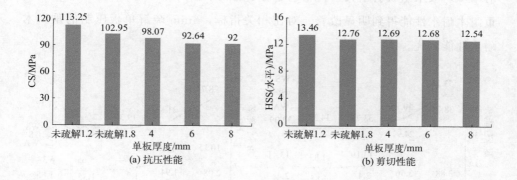

图 3-14　单板厚度对重组木抗压性能和抗剪切性能的影响

由图 3-14 可知，在相同密度条件下，随着疏解单板厚度的增加，其抗压强度和抗剪切强度呈逐渐降低的趋势。其中 4mm、6mm 和 8mm 厚疏解单板压制的重组木，其抗压强度比 1.2mm 厚未疏解单板制备的重组木试样分别下降 13.40%、18.20% 和 18.76%，抗剪切强度在垂直方向上分别下降 5.72%、5.79% 和 6.84%。同样，8mm 疏解单板压制重组木的性能下降幅度最大，其中抗剪切强度均超过《单板层级材》（GB/T 20241—2021）规定的结构用单板层积材水平剪切强度最高级 65V-55H 水平要求的 6.5MPa。

（2）单板厚度对重组木耐水性能的影响

由图 3-15 可知，随着疏解单板厚度的增加，重组木的吸水厚度膨胀率呈先下降后略有上升的趋势，吸水宽度膨胀率和吸水率呈逐渐下降的趋势。疏解单板压制重组木的耐水性能较未疏解单板压制重组木有了很大幅度的改善，其中，4mm、6mm 和 8mm 厚疏解单板压制的重组木吸水厚度膨胀率在 100℃ 28h 处理条件下，较未疏解 1.2mm 厚单板压制的重组木试样分别下降 65.94％、69.46％和 65.38％，在 63℃24h 条件下分别下降 38.82％、44.33％ 和 37.14％；吸水宽度膨胀率在 100℃28h 条件下，较未疏解 1.2mm 厚单板压制的重组木分别下降 38.14％、52.32％和 38.14％，在 63℃28h 条件下分别下降 42.31％、35.10％和 11.06％。其主要原因是 1.2mm 未疏解单板的吸水率为 71％，疏解后 4mm、6mm 和 8mm 单板的吸水率分别为 128％、143％和 129％（见表 2-1），定向分离疏解完成后，单板的比表面积增大，附着水会相对增多，吸水量就会增大，树脂也更易于进入单板内部形成增强型结合，由此重组木耐水性能得到明显改善。对比相关指标，6mm 疏解单板压制的重组木耐水性能较优。

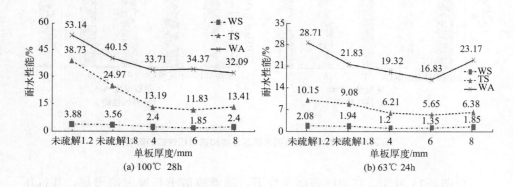

图 3-15 单板厚度对重组木耐水性能的影响

（3）单板厚度对重组木表面纹理的影响

由图 3-16 可知，不同厚度疏解单板压制的重组木均保留有实木节子和自然材色，整体纹理略有不同，重组木呈现出较强的实木感，给人带来自然、朴实的感觉。

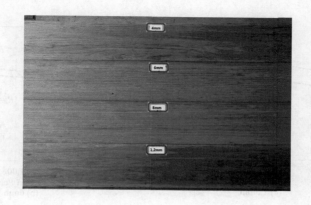

图 3-16　疏解单板厚度对重组木表面纹理的影响

综上所述，随着疏解单板厚度的增加，重组木的抗弯性能、抗压性能和抗剪切性能下降，但弯曲强度和剪切强度整体差别不太明显；吸水宽度膨胀率和吸水率呈逐渐下降的趋势，吸水厚度膨胀率呈先下降后略有上升的趋势，其中 6mm 疏解单板压制的重组木耐水性能较优；不同厚度疏解单板压制的重组木均有自然纹理，呈现出较强的实木感。

3.3.4　铺装工艺对重组木性能的影响

（1）铺装工艺对重组木力学性能的影响

本书采用 1.8mm 未疏解单板和 6mm 疏解单板为原材料，胶黏剂浸渍量为 15％，并采用冷压的方式研究铺装工艺对重组木性能的影响。由图 3-17 和图 3-18 可知，在不同密度条件下，采用随意铺装和层层平铺的方式对 1.8mm 和 6mm 单板压制板材的弯曲强度和弹性模量的影响不明显。在本试验设计范围内，静曲强度均超过 100MPa，弹性模量均超过 13000MPa，且随着密度的增加，二者呈逐渐增大的趋势。

由图 3-19 和图 3-20 可知，在不同密度条件下，采用随意铺装和层层平铺的方式对 1.8mm 和 6mm 单板压制板材的抗压强度和剪切强度影响不明显。其中，在本试验设计范围内，抗压强度均超过 80MPa，剪切强度均超过 10MPa，且随着密度的增加，二者呈逐渐增大的趋势，剪切强度增大的幅度较大。

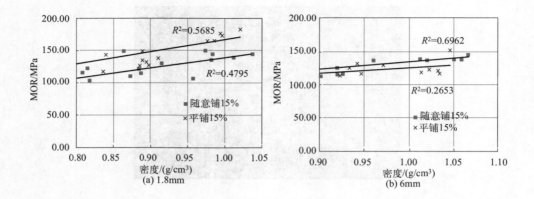

图 3-17　铺装工艺对重组木弯曲强度的影响

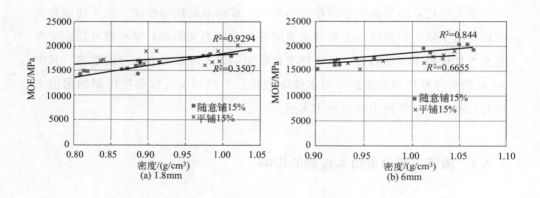

图 3-18　铺装工艺对重组木弹性模量的影响

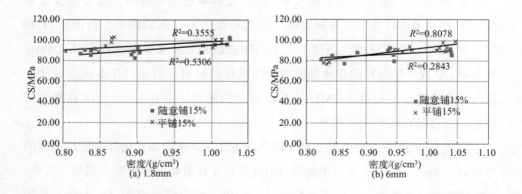

图 3-19　铺装工艺对重组木抗压强度的影响

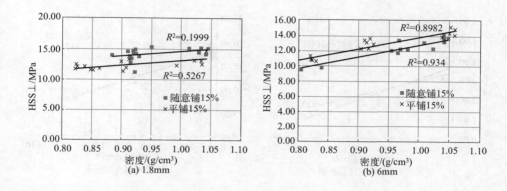

图 3-20　铺装工艺对重组木剪切强度的影响

（2）铺装工艺对重组木耐水性能的影响

由图 3-21 和图 3-22 可知，在不同密度条件下，采用随意铺装和层层平铺的方式对 1.8mm 和 6mm 单板压制板材的耐水性能影响不明显。在本试验设计范围内，6mm 疏解单板压制的重组木 28h 循环水煮吸水宽度膨胀率和吸水厚度膨胀率，在 1.05g/cm³ 的条件下能够达到《重组竹地板》（GB/T 30364—2013）中≤4％和≤10％的要求，且随着密度的增加，耐水性能逐渐增强。密度增加，1.8mm 薄单板压制的板材吸水宽度膨胀率和吸水厚度膨胀率变化不明显，特别是吸水厚度膨胀率均超过 20％，远远达不到标准要求的 TS≤10％。

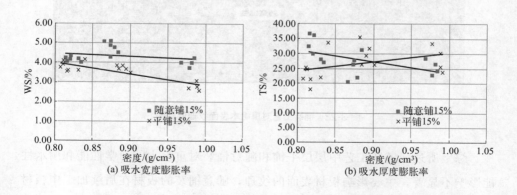

图 3-21　铺装工艺对 1.8mm 单板压制重组木耐水性能的影响

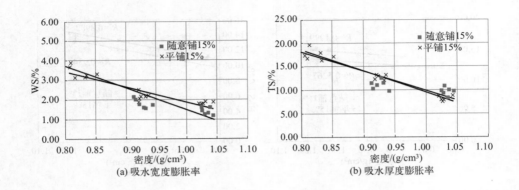

(a) 吸水宽度膨胀率　　　　　　　　(b) 吸水厚度膨胀率

图 3-22　铺装工艺对 6mm 单板压制重组木耐水性能的影响

（3）铺装工艺对重组木表面纹理的影响

由图 3-23 可知，采用随意铺装最后板坯的表面会形成平行状线条，主要为单板端面积压到一起形成；层层平铺最终板坯的表面形成的纹理更接近于天然纹理。在加工过程中，随意铺装造成端头呈现竖向排列，横向强度不够，易劈裂。

图 3-23　铺装工艺对重组木表面纹理的影响

综上所述，铺装工艺中层层平铺和随意铺装对重组木的力学性能和耐水性能影响不显著，主要影响板材表面的纹理，随意铺装的板材在后续加工中板材端面易劈裂。

3.3.5　胶黏剂对重组木性能的影响

本次中试生产采用四种胶黏剂，分别为 1# 胶黏剂、2# 胶黏剂（室内）以及 3# 胶黏剂（落叶松）和 4# 胶黏剂，具体参数如表 2-2 所示。采用杨木单板为原料，在胶黏剂浸渍量为 13%，密度为 1.00g/cm³ 的条件下，对比 4# 胶黏剂和 1# 胶黏剂；采用松木单板为原料，在胶黏剂浸渍量为 14%，密度为 1.10g/cm³ 的条件下，对比 2# 胶黏剂和 3# 胶黏剂。由图 3-24 和图 3-25 可知，对于杨木单板压制的重组木，在相同浸渍量的条件下，1# 胶黏剂压制重组木的力学性能和耐水性能均优于 4# 胶黏剂；对于落叶松单板压制的重组木，2# 胶黏剂压制的重组木力学性能优于 3# 胶黏剂，3# 胶黏剂压制板材的耐水性能略优于 2# 胶黏剂，但差别不太明显。由表 2-2 可知，1# 胶黏剂黏度远远小于 4# 胶黏剂，黏度是分子量的表观表现，黏度小即分子量小，1# 胶黏剂更易渗透进入木材细胞内部，形成有效胶合，胶黏剂和木材组织之间的界面胶合强度更高，因此 1# 胶黏剂压制重组木的力学性能和耐水性能均优于 4# 胶黏剂。同样，2# 胶黏剂黏度小于 3# 胶黏剂，因此 2# 胶黏剂压制重组木的力学性能优于 3# 胶黏剂，3# 胶黏剂的耐水性能增强是由于 3# 胶黏剂针对落叶松抽提物对胶黏剂胶合的影响做了相应的改性。

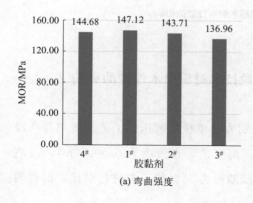
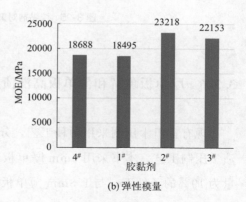

图 3-24

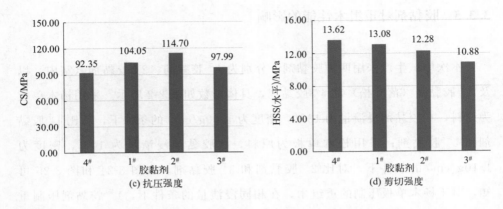

图 3-24　胶黏剂对重组木力学性能的影响

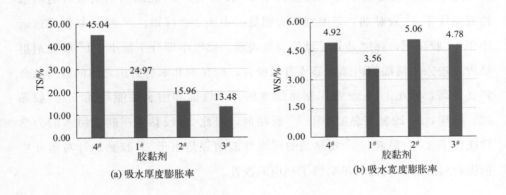

图 3-25　胶黏剂对重组木耐水性能的影响

3.3.6　厚单板疏解和薄单板高浸渍量技术对重组木性能的影响

　　现有重组木压制采用两种工艺，分别为厚单板疏解压制工艺和薄单板高浸渍量压制工艺。本书采用 6mm 厚单板疏解工艺，在密度为 0.90g/cm³，浸渍量为 19% 的条件下，与 1.8mm 薄单板浸渍量为 25% 的工艺进行对比，探讨两者间性能上的差异。

　　由图 3-26 和图 3-27 可知，在相同密度的条件下，薄单板工艺的抗弯性能

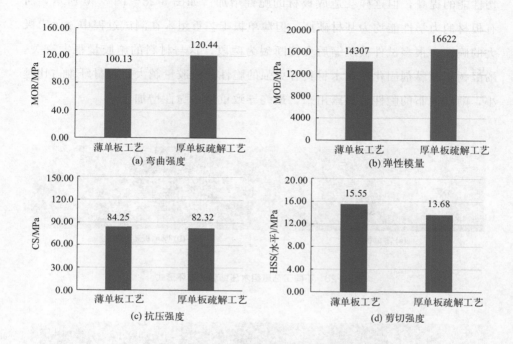

图 3-26　不同工艺对重组木力学性能的影响

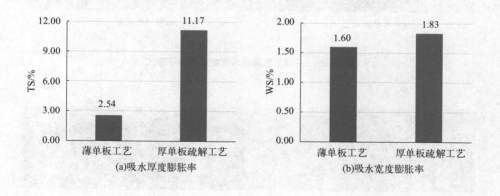

图 3-27　不同工艺对重组木耐水性能的影响

低于厚单板疏解工艺，剪切性能和耐水性能优于厚单板疏解工艺。这主要是由于薄单板工艺通过高浸渍量来提高板材胶合性能，实现了板材的耐水性能和剪切性能的提高，但这样会造成板材的脆性增加。如图 3-28～图 3-30 所示，所有板材的力学性能均为基材破坏，但薄单板工艺重组木在测试过程中显示出极大的脆性，很多试件被压缩后直接断裂为两段，这与材料的施胶量很大有关。酚醛树脂胶黏剂固化后比木材具有更强的脆性，施胶量越大，木材纤维占比越小，酚醛树脂的脆性就显露出来，最终导致重组木脆性增加。

(a) 薄单板工艺   (b) 厚单板疏解工艺

图 3-28　不同工艺重组木压缩后的破坏形式

(a) 薄单板工艺   (b) 厚单板疏解工艺

图 3-29　不同工艺重组木弯曲后的破坏形式

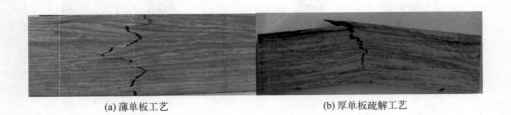

(a) 薄单板工艺   (b) 厚单板疏解工艺

图 3-30　不同工艺重组木剪切后的破坏形式

3.4　重组木的密度梯度和含水率梯度

　　本书对杨木重组木方料的纵向密度梯度以及含水率梯度进行研究，将方料沿纵向按照 20mm 进行剖分，并对每块坯料进行密度和含水率测试。对板坯第 4 块剖切料的端部和中部的含水率进行测试，并对其面含水率梯度进行研究，压力作用示意图如图 3-31 所示，从第 1 层到第 7 层压力逐渐衰减。由图 3-32 可知，在本试验设计的密度范围内，重组木方料密度最大的区域出现在上表面即受压面，然后密度逐渐降低，在方材的中性层即算术平均层后密度会逐渐趋于一致并达到设计密度，上表面与中性层之间的密度差异为 $0.05\mathrm{g/cm^3}$ 左右，上表面比下表面密度高约为 $0.08\mathrm{g/cm^3}$。这是由于随着方材高度的增加，压力逐级衰减，密度会逐渐降低，在中性层时，压力和支撑面的支持力达到相对平衡的状态，这样密度会趋于一致。重组木的实际平均密度较设计密度大 $0.02\mathrm{g/cm^3}$。

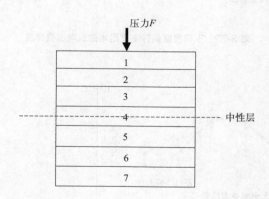

图 3-31　压力作用示意图

　　由图 3-33 可知，含水率梯度沿方料纵向呈先升高后降低的趋势，在板材的中性层即算术平均层达到最大，较底层高约 1%；在面分布区域内，端头的含水率小于中部含水率，中部含水率平均值约高于端头 2.5%。

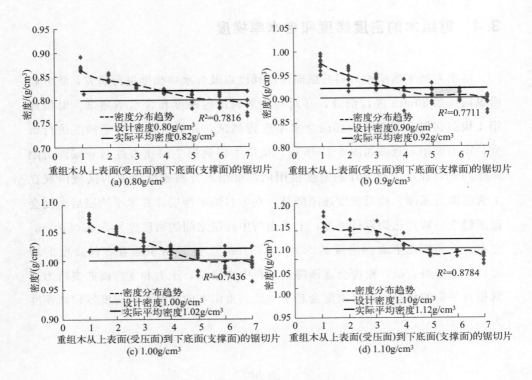

图 3-32　不同密度条件下重组木的纵向密度梯度

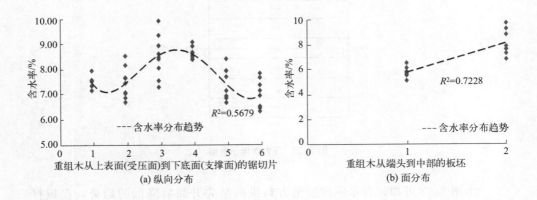

图 3-33　重组木的含水率梯度

3.5　小结

本章以杨木和落叶松为原材料，系统研究了树种对重组木性能的影响，用对比研究方法，在不同密度、树脂浸渍量、单板厚度、铺装工艺以及胶黏剂的条件下，分析各制造工艺因子对重组木力学性能和耐水性能的影响，并对重组木方料本身的纵向密度梯度以及含水率梯度进行了研究，得出的主要结论如下。

① 对于不同树种杨木和落叶松，随着密度增大，杨木重组木的弯曲强度、弹性模量、抗压强度和水平剪切强度均增大，松木重组木力学强度先增大后减小，拐点在 $1.15\mathrm{g/cm^3}$ 左右；在 100℃28h 条件下，杨木和松木重组木吸水厚度膨胀率均随密度增大而减小，TS 分别减小 43.86％和 59.24％，而且下降趋势平缓，拟合曲线的斜率相近。

② 在相同树脂浸渍量（20％）的条件下，随着密度的增大，1.8mm 薄单板和 6mm 厚单板压制重组木的力学性能呈增加的趋势。其中，6mm 厚单板重组木的弯曲强度、弹性模量、抗压强度和水平剪切强度分别增大 34.75％、29.18％、23.29％和 45.6％；吸水厚度膨胀率和吸水宽度膨胀率呈先增加后减小的趋势，拐点出现在密度为 $0.85\mathrm{g/cm^3}$ 的条件下。

③ 在相同密度的条件下，随着浸渍量的增大，板材的剪切强度增大，耐水性能增强，弯曲强度、弹性模量和抗压强度差别不明显。密度为 $1.05\mathrm{g/cm^3}$，浸渍量为 14％时，杨木重组木综合性能较优。

④ 随着疏解单板厚度的增加，重组木的抗弯性能和抗剪切性能下降，但弯曲强度整体差别不太明显；吸水厚度膨胀率呈先下降后略有上升的趋势，吸水宽度膨胀率和吸水率呈逐渐下降的趋势，其中 6mm 疏解单板压制的重组木的耐水性能较优。

⑤ 铺装工艺中层层平铺和随意铺装对板材的力学性能和耐水性能影响不显著，主要影响板材表面的纹理，随意铺装的板材在后续加工中板材端面易劈裂。

⑥ 相同浸渍量的条件下，对于杨木单板压制的重组木，1#胶黏剂压制重组木的力学性能和耐水性能均优于4#胶黏剂；对于落叶松单板压制的重组木，2#胶黏剂压制的重组木力学性能优于3#胶黏剂，3#胶黏剂压制板材的耐水性能略优于2#胶黏剂，但差别不太明显。

⑦ 在相同密度的条件下，薄单板高浸渍量工艺的抗弯性能低于厚单板疏解工艺，抗剪切性能和耐水性能优于厚单板疏解工艺，但显示出极大的脆性，很多试件被压缩后直接断裂为两段。

⑧ 重组木方料密度最大的区域出现在上表面即受压面，然后密度逐渐降低，在方材的中性层即算术平均层后密度会逐渐趋于一致并达到设计密度，上表面与中性层之间的密度差异为 0.05g/cm^3 左右。含水率梯度方料沿纵向呈先升高后降低的趋势，在板材的中性层即算术平均层达到最大，较底层高约 1%；在面分布区域内，端头的含水率小于中部含水率，中部含水率平均值约比端头高 2.5%。

第 4 章

重组木表面性能研究

————

任何材料都有与空气或其他材料接触的表面和界面，重组木内部原子受到周围原子的相互作用而处于平衡状态，而材料表面的原子受到不平衡的力场作用，由此产生了表面能。材料的涂膜、胶合、重组、印刷，甚至老化变形都与其表界面密切相关[163]。因此，研究重组木的表面性能具有重要的意义。

木质复合材料的表面性能主要包括表面硬度、表面粗糙度、表面润湿性和表面形貌等，表面硬度、表面粗糙度和表面形貌采用物理方式即可测量获得，而测定表面润湿性则复杂得多。材料的润湿性与材料表面接触角、表面自由能、黏附功等参数密切相关，这些参数不仅受到材料表面热动力学的影响，而且还受到木材种类、材料表面粗糙度、老化作用、加工工艺等多种因素的影响。基于接触角测量计算固体表面自由能，是目前计算固体表面自由能较为准确有效的方法。

本章以木质复合材料纤维化单板重组木为研究对象，探索了三种液体在材料表面的润湿性。采用 Zisman 法，测量得到表面接触角，结合杨氏理论、范德华-路易斯酸碱理论和几何平均法，利用接触角计算得到表面自由能，这种方法将表面张力分量与化学特性更加紧密地联系在一起[164]。本章还探讨了单板厚度、密度、浸渍量、铺装方式和压制方式五种工艺因子对纤维化单板杨木重组木表面性能的影响。主要测试和分析的表面性能包括表面硬度、表面粗糙度、表面接触角和表面自由能，以及采用超景深显微镜直接观测其表面粗糙度和表面形貌。

4.1 重组木制造参数及方法

4.1.1 重组木制造参数

试验材料采用纤维化单板和酚醛树脂胶黏剂冷压制备而成的杨木重组木，同第 2 章，具体制备工艺参数如表 4-1 所示。所有材料在测试前须进行砂光处理，砂光目数为 200 目，将表面砂光至平整。

表 4-1 杨木重组木表面性能试验材料工艺参数

序号	厚度/mm	密度/(g/cm³)	浸渍量/%	铺装方式	压制方式
1	1.8	0.90	14	平铺	冷压
	4	0.90	14	平铺	冷压
	6	0.90	14	平铺	冷压
	8	0.90	14	平铺	冷压
2	6	0.80	14	平铺	冷压
	6	0.90	14	平铺	冷压
	6	1.00	14	平铺	冷压
	6	1.10	14	平铺	冷压
3	6	0.90	10	平铺	冷压
	6	0.90	14	平铺	冷压
	6	0.90	18	平铺	冷压
4	6	0.90	14	平铺	冷压
	6	0.90	14	随意铺	冷压
	8	0.90	14	平铺	冷压
	8	0.90	14	随意铺	冷压
5	6	1.05	14	平铺	冷压
	6	1.05	14	平铺	热压

试验所需测试设备如下。

塑料洛氏硬度计：型号 XHR-150。

粗糙度测定仪：型号 E35A，东京精密电子公司生产。

接触角测定仪：型号 OCA20，Dataphysics 型。

超景深显微镜：型号 Olympus DSX510，放大倍数 69～20000 倍。

4.1.2　重组木试件制造方法

4.1.2.1　表面硬度

采用 XHR-150 型塑料洛氏硬度计，参照《无疵小试样木材物理力学性质试验方法　第 19 部分：硬度测定》（GB/T 1927.19—2021）测定材料的硬度。取试件尺寸为 70mm×50mm×材料厚度（长×宽×厚），测试中使用 5.64mm 的半球型钢压头，将半球型钢压头压入试验面，直至压入 5.64mm 深为止。对于加压过程中易裂的试样，半球型钢压头压入的深度，允许减至 2.82mm。

4.1.2.2　表面粗糙度

参考《产品几何技术规范（GPS）表面结构　轮廓法　表面粗糙度参数及其数值》（GB/T 1031—2009）规定，表面粗糙度测定可用三类参数来表征：①与轮廓幅度相关的基本评定参数，轮廓算术平均偏差 Ra 和轮廓最大高度 Rz；②与轮廓间距有关的轮廓微观不平度平均间距 Sm 和轮廓单峰平均间距 S；③与微观形状有关的轮廓支撑长度率 t_p。本书选用基本评定参数轮廓算术平均偏差 Ra 和轮廓最大高度 Rz 对重组木粗糙度测定进行表征，采用粗糙度测定仪进行测定。

评定表面粗糙度，首先需要规定一段基准线长度，称为取样长度 l，在轮廓总的走向上量取，如图 4-1 所示。为了减弱表面波纹度对表面粗糙度的影响，在一个取样长度内至少要包含 5 个波峰和波谷。轮廓算术平均偏差 Ra 是在取样长度 l 内，被测实际轮廓上各点至轮廓中线距离的算术平均值；轮廓最大高度 Rz 是在取样长度 l 内，轮廓的峰顶线和谷底线之间的距离，如图 4-2 和图 4-3 所示。Ra 和 Rz 计算公式如式（4-1）～式（4-3）所示。

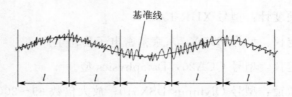

图 4-1 表面粗糙度取样长度 l

$$Ra = \frac{1}{l} \int_0^l |y(x)| \, \mathrm{d}x \quad \text{或} \qquad (4\text{-}1)$$

$$Ra = \frac{1}{n} \sum_{i=1}^n |y_i| \qquad (4\text{-}2)$$

$$Rz = |z_{p\max}| + |z_{\nu\max}| \qquad (4\text{-}3)$$

式中，$z_{p\max}$ 为图 4-3 中的最大波峰值；$z_{\nu\max}$ 为图 4-3 中的最大波谷值。

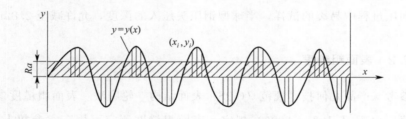

图 4-2 轮廓算术平均偏差 Ra

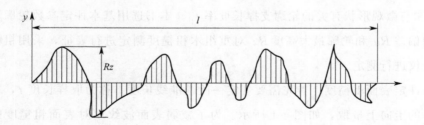

图 4-3 轮廓最大高度 Rz

选择五个不同条件下制备的重组木，将其锯截成 $80\text{mm} \times 20\text{mm} \times$ 材料厚度（长×宽×厚）的试件，并将其表面砂光平整。每个试件重复测量 3 次，每个条件测定 5 个试件，结果取其平均值。

4.1.2.3　表面润湿性能

　　材料的表面润湿性能可以通过材料表面接触角、表面自由能、黏附功等参数进行表征。同种液体在材料表面的接触角越小，表面自由能越高，固液界面分子间的黏附力越大，固体表面润湿性能也就越好。本书采用测定液体在材料表面的接触角，并计算材料表面自由能的方法来表征材料的表面润湿性能。

　　试件尺寸锯截成 80mm×20mm×材料厚度（长×宽×厚）。测定蒸馏水（极性液体）、甲酰胺（极性液体）和二碘甲烷（非极性液体）三种液体在材料表面的接触角。

　　（1）接触角测定

　　接触角是指在气、液、固三相交点处所作的气-液界面的切线，穿过液体与固-液交界线之间的夹角 θ，是润湿程度的量度，如图 4-4 所示。若 $\theta < 90°$，则固体是亲液的，即液体可润湿固体，且接触角越小，润湿性越好；若 $\theta > 90°$，则固体是憎液的，即液体不润湿固体，容易在表面上移动，不能进入毛细孔。

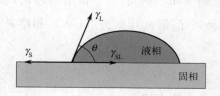

图 4-4　表面接触角和界面张力示意图

　　本书采用 Zisman 法测定接触角。接触角测定仪带有自动控温样品室，样品放入样品室之前，首先设置样品室的温度，待样品室温度升到设定温度时，用微型注射器将液滴滴于试件上，通过录像测控系统，每 0.04s 记录一个影像，实时记录液滴在试件表面变化的影像。待测试完毕，系统会自动计算接触角，得到 0～9s 内 10 个接触角的数据。每个试件测定 10 个点，每个条件测定 5 个试件。试验在温度为（20±2）℃的条件下进行，试样表面每个液滴体积为 6μL。

（2）表面自由能测定

近年来，研究人员多采用范德华-路易斯酸碱理论从界面的微观角度来解释低能表面的润湿性能。根据黏附功的概念，单位固液界面分开所需做的功为：

$$W_a = \gamma_S + \gamma_L - \gamma_{SL} \tag{4-4}$$

式中，γ_S 为固体/空气界面张力；γ_L 为液体/空气界面张力；γ_{SL} 为固体/液体界面张力。γ_L 可直接测量，但目前还没有直接测量 γ_S 和 γ_{SL} 的方法，所以需要通过测量固液表面接触角计算黏附功。

对于真空状态下，假设 i 是一种完全脆性的物质，其单位面积的表面张力 γ_i 定义为内聚功（W_c）的一半，即

$$\gamma_i = \frac{1}{2} W_c \tag{4-5}$$

液滴在水平固体表面上达到平衡时，固液之间的接触角与各界面张力之间符合以下的杨氏公式：

$$\gamma_L \cos\theta = \gamma_S - \gamma_{SL} \tag{4-6}$$

将式（4-4）和式（4-6）合并得到：

$$W_a = \gamma_L (1 + \cos\theta) \tag{4-7}$$

根据 Fowkes[165] 和 Van Oss 等[166] 提出的理论，固液界面反应所做的黏附功可以解释为路易斯-范德瓦耳斯力（LW）和路易斯酸碱作用力（AB）两部分做的功，即

$$W_a = W_a^{LW} + W_a^{AB} \tag{4-8}$$

式（4-8）可用表面自由能表述为：

$$\gamma_i = \gamma_i^{LW} + \gamma_i^{AB} \tag{4-9}$$

对于两种非极性物质 i、j 的非极性作用力，可应用几何平均法合并规则得到：

$$\gamma_{ij}^{LW} = (\sqrt{\gamma_i^{LW}} - \sqrt{\gamma_j^{LW}})^2 \tag{4-10}$$

合并式（4-6）和式（4-10）得：

$$\gamma_S^{LW} = \frac{1}{4} \gamma_L^{apolar} (1 + \cos\theta^{apolar})^2 \tag{4-11}$$

式中，γ_L^{apolar} 是非极性液体的表面张力；γ_S^{LW} 为固体表面的范德瓦耳斯

力；θ^{apolar} 是该非极性液体在固体表面的接触角。

合并式（4-4）和式（4-10）得：

$$W_a^{\text{LW}} = 2\sqrt{\gamma_i^{\text{LW}}\gamma_j^{\text{LW}}} \tag{4-12}$$

Van Oss 等[166] 提出路易斯酸碱理论自由能可以用电子受体表面自由能（γ^+）和电子给予体表面自由能（γ^-）两部分独立作用表示。两种物质 i、j 间的酸碱作用是两个非对称的相互作用，因此酸碱作用力部分的黏附功 W_a^{AB} 可以表示为：

$$W_a^{\text{AB}} = 2\sqrt{\gamma_i^+\gamma_j^-} + 2\sqrt{\gamma_i^-\gamma_j^+} \tag{4-13}$$

因此，物质 i 的酸碱作用部分内聚力的极性自由能为：

$$W_c^{\text{AB}} = 4\sqrt{\gamma_i^+\gamma_i^-} \tag{4-14}$$

将式（4-14）和式（4-5）合并得：

$$\gamma^{\text{AB}} = 2(\gamma^+\gamma^-)^{1/2} \tag{4-15}$$

合并式（4-7）、式（4-8）、式（4-12）、式（4-13），最终得到以下方程：

$$0.5\gamma_L(1+\cos\theta) = (\gamma_L^+\gamma_S^-)^{1/2} + (\gamma_S^+\gamma_L^-)^{1/2} + (\gamma_S^{\text{LW}}\gamma_L^{\text{LW}})^{1/2} \tag{4-16}$$

已知三种液体的 γ_L^{LW}、γ_L^+ 和 γ_L^-，可以通过式（4-11）计算出 γ_S^{LW}、γ_S^+ 和 γ_S^-，然后通过式（4-15）和式（4-9）分别计算出 γ_S^{AB} 和 γ_S。本试验采用的三种液体为蒸馏水、甲酰胺和二碘甲烷，蒸馏水和甲酰胺为极性液体，且前者为酸性液体，后者为碱性液体，二碘甲烷为非极性液体。

4.1.2.4 超景深显微镜测定材料表面的线粗糙度和面粗糙度以及表面形貌

试件尺寸：50mm×50mm。主要测定材料表面的线粗糙度和表面形貌。

4.2 重组木的表面硬度分析

硬度是材料局部抵抗硬物压入其表面的能力。本书对不同条件下压制的重组木的硬度进行了探讨，结果如图 4-5 所示。在冷压密度为 0.90g/cm^3，胶黏

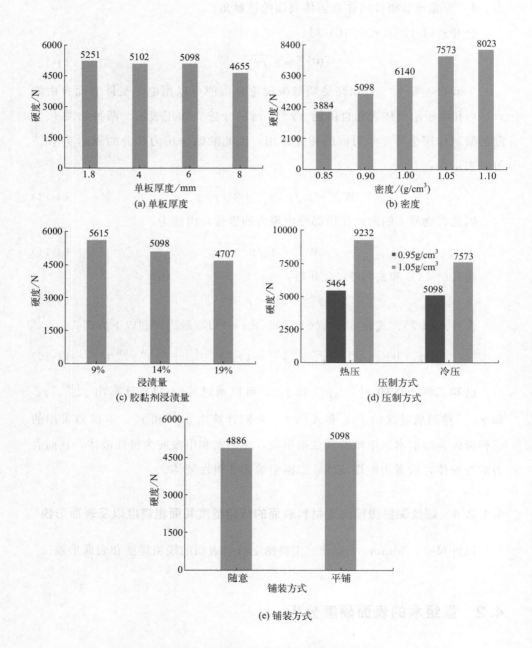

图 4-5　不同工艺因子对重组木硬度的影响

剂浸渍量为 14％的条件下，随着单板厚度的增加，重组木的硬度逐渐降低，其中最大下降幅度为 11.35％ ［图 4-5(a)］；因为单板越厚，疏解过程对单板纤维破坏越严重，木材本身的结构破坏越多，导致硬度降低。在胶黏剂浸渍量为 14％，采用平行铺装方式的条件下，随着密度的增加，重组木的硬度逐渐增大，最大增长幅度为 106.57％ ［图 4-5(b)］；因为纤维的压缩密实程度决定硬度大小。随着胶黏剂浸渍量的增加，重组木的硬度逐渐降低，最大降低幅度为 16.17％ ［图 4-5(c)］；因为浸渍量增加，木材纤维含量相对减少，压缩密实化程度降低，导致硬度降低。热压重组木的硬度优于冷压重组木 ［图 4-5(d)］。铺装方式采用随意铺装时重组木的硬度略低于平行铺装，幅度为4.16％ ［图 4-5(e)］。五个工艺因子，对重组木硬度影响最显著的是密度的变化。在本试验设计的范围内，重组木的硬度在 4000～9000N 之间，最低硬度相当于樱桃木、胡桃木以及榆木，最高硬度可比金丝楠木及檀木。

4.3　重组木的表面粗糙度分析

从试验观察的结果来看，如图 4-6 所示，重组木表面轮廓算术平均偏差 Ra 与轮廓最大高度 Rz 呈现不同的变化趋势。在冷压密度为 0.90g/cm^3，胶黏剂浸渍量为 14％的条件下，随着单板厚度的增加，重组木的粗糙度逐渐增加，Ra 和 Rz 的变化幅度分别为 7.75％和 18.31％ ［图 4-6(a)］。在本试验设计过程中，厚单板采用疏解技术形成纤维化单板，纤维化单板的表面性能劣于未疏解薄单板。在胶黏剂浸渍量为 14％，采用平行铺装方式的条件下，随着密度的增加，重组木的粗糙度降低，Ra 和 Rz 的变化幅度分别为 26.51％和28.27％ ［图 4-6(b)］；因为密度增加，板材的密实效果增强，表面更加致密。在 0.90g/cm^3 密度条件下，随着胶黏剂浸渍量的增加，重组木的粗糙度逐渐增加，Ra 和 Rz 的变化幅度分别为 20.77％和 21.10％ ［图 4-6(c)］；因为在相同密度条件下，胶黏剂浸渍量的增加意味着木材实质含量降低，从而导致粗糙度增加。热压重组木的粗糙度低于冷压重组木 ［图 4-6(d)］，主要由于热压过程中胶黏剂容易再分布和分散，形成对材料的均匀包裹。铺装方式采用随意

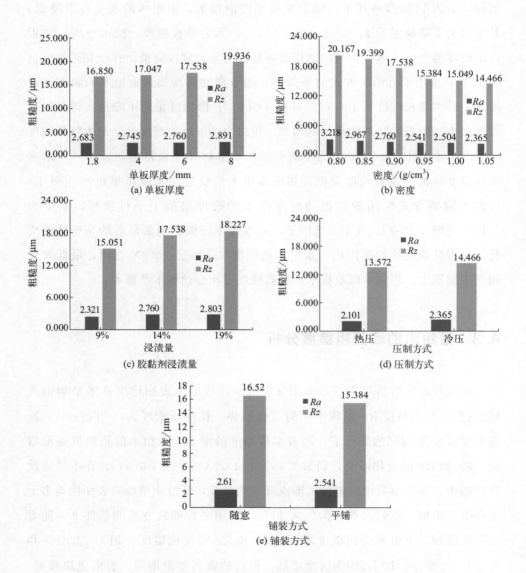

图 4-6　不同工艺因子对重组木粗糙度的影响

铺装时重组木的粗糙度高于平行铺装，因为随意铺装容易造成材料压制过程中折叠堆积形成微小空洞。Ra 的变化幅度低于 Rz，是因为 Ra 反映的是表面各点至轮廓中线的算术平均值。

4.4　重组木的表面润湿性能分析

4.4.1　重组木的表面接触角

接触角也叫润湿角，在液体润湿过程中，接触角随时间变化逐渐减小。重组木是多孔材料，表面液滴除了形成接触角外，同时还伴随延展和渗透现象。对于一个理想的固液体系来说，延展和渗透速率取决于某一特定时刻的接触角，即

$$\frac{\mathrm{d}\theta}{\mathrm{d}t} = -K\theta \tag{4-17}$$

式中，K 为接触角变化常数。

随着时间的延长，液滴延展和渗透速率减慢，接触角变化速率降低，最终接近于零。因此需要对式(4-17) 加一个限制：

$$\frac{\mathrm{d}\theta}{\mathrm{d}t} = -K\theta\left(1 - \frac{\theta_i - \theta}{\theta_i - \theta_e}\right) \tag{4-18}$$

式中，θ_i 为起始接触角；θ_e 为平衡接触角；K 为相对接触角减小速率常数。式(4-18) 也可以表述为：

$$\frac{\mathrm{d}\theta}{\mathrm{d}t} = K\theta\left(\frac{\theta_e - \theta}{\theta_i - \theta_e}\right) \tag{4-19}$$

整理后得到：

$$\theta = \frac{\theta_i \theta_e}{\theta_i + (\theta_e - \theta_i)\exp\left[K\left(\frac{\theta_e}{\theta_e - \theta_i}\right)t\right]} \tag{4-20}$$

相对接触角减小速率常数 K，可以解释为液体在固体表面延展渗透速率参数，用于表征液体在固体表面延展渗透速率的快慢程度。K 值越大，液体延展渗透速率越快，反之越慢。

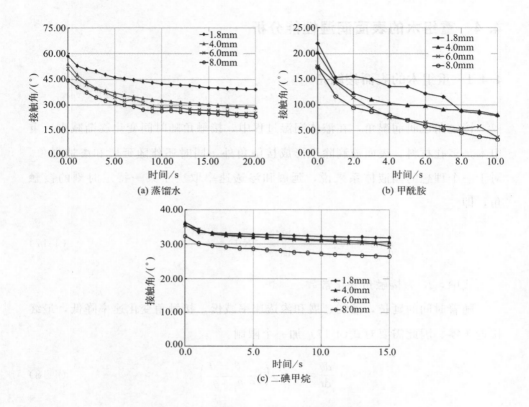

图 4-7　不同单板厚度对重组木接触角的影响

在相同试验条件下，由图 4-7 可知，随着单板厚度的增加，板材的接触角逐渐减小，而 K 值随着单板厚度的增加而增大。蒸馏水在材料表面的初始接触角最大，而甲酰胺在材料表面的初始接触角最小；甲酰胺的 K 值最大，二碘甲烷的 K 值最小，甲酰胺＞水＞二碘甲烷。表面接触角的变化主要是由润湿液的酸碱力引起的，而且主要是由起主导作用的碱参数引起的，碱参数越大，接触角变化越大，其渗透性越好。单板厚度对接触角的影响主要是由粗糙度引起的，表面几何形状是决定表面润湿性能的主要因素，根据 Wenzel 理论模型，增加粗糙度会使亲水表面更亲水，疏水表面更疏水。因而，本试验结果符合 Wenzel 理论模式，单板厚度的增加使得粗糙度增加，进而改善材料表面的润湿性能，接触角减小。

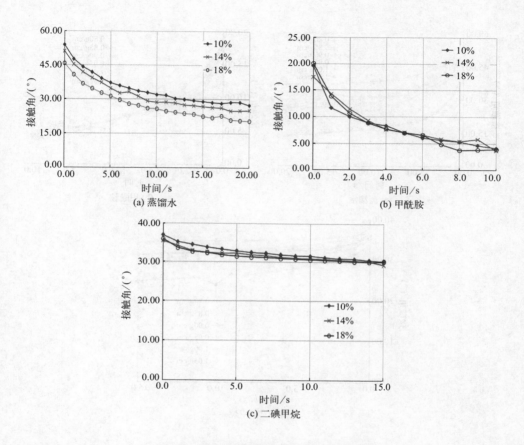

图 4-8　不同施胶量对重组木接触角的影响

　　在相同试验条件下，由图 4-8 可知，随着施胶量的增加，板材的接触角逐渐减小，而 K 值随着施胶量的增加而增大。蒸馏水在材料表面的初始接触角最大，而甲酰胺在材料表面的初始接触角最小；甲酰胺的 K 值最大，二碘甲烷的 K 值最小，甲酰胺＞水＞二碘甲烷。施胶量对单板接触角及润湿性能的影响是由于施胶量的增加造成了粗糙度增加，进而改善了材料表面的润湿性能，接触角减小。

　　在相同试验条件下，由图 4-9 可知，随着密度的增加，板材的接触角逐渐增大，而 K 值随着密度的增加而减小。蒸馏水在材料表面的初始接触角最大，而甲酰胺在材料表面的初始接触角最小；甲酰胺的 K 值最大，二碘甲烷的 K

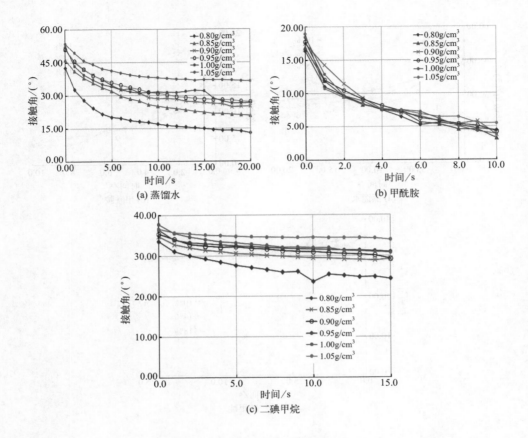

图 4-9　不同密度对重组木接触角的影响

值最小，甲酰胺＞水＞二碘甲烷。随着密度的增加，粗糙度减小，进而接触角增大。

在相同试验条件下，由图 4-10 可知，采用热压方式板材的接触角高于冷压，而 K 值低于冷压。蒸馏水在材料表面的初始接触角最大，而甲酰胺在材料表面的初始接触角最小；甲酰胺的 K 值最大，二碘甲烷的 K 值最小，甲酰胺＞水＞二碘甲烷。

在相同试验条件下，由图 4-11 可知，采用平行铺装方式压制板材的接触角大于随意铺装，而 K 值低于随意铺装。蒸馏水在材料表面的初始接触角最大，而甲酰胺在材料表面的初始接触角最小；甲酰胺的 K 值最大，二碘甲烷

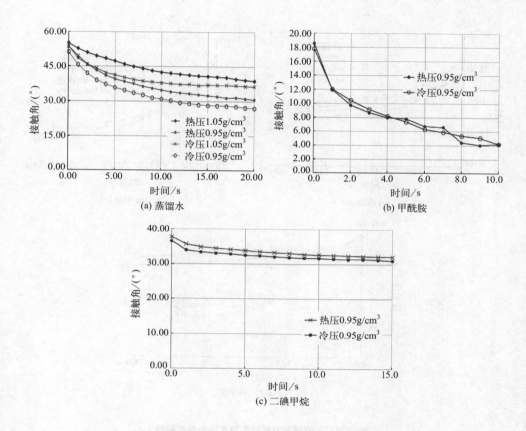

图 4-10　不同压制方式对重组木接触角的影响

的 K 值最小，甲酰胺＞水＞二碘甲烷。

4.4.2　重组木的表面自由能

材料表面的接触角根据测试时所选用的液体不同而有所差异，在湿润过程中有两个因素对此起主导作用：一个是液体在材料表面的吸附作用；另外一个是液体与材料表面的酸碱作用。由于试验过程中采用的液体具有不同的化学性质，如水分子结构为 H_2O，其酸碱性比为 1；甲酰胺的分子结构为 $HCONH_2$，其酸碱性比为 0.058；二碘甲烷的分子结构为 CH_2I_2，其酸碱性比为 0。重组木

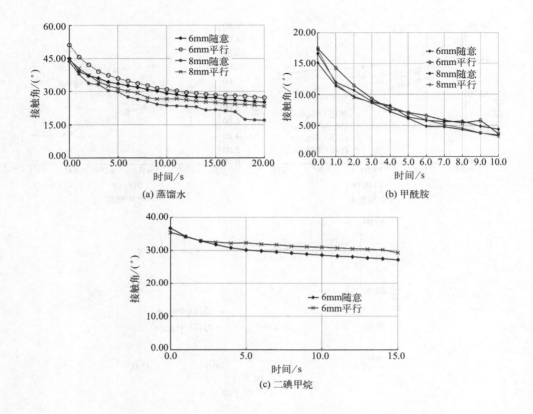

图 4-11　不同铺装方式对重组木接触角的影响

表面的路易斯-范德瓦耳斯力 LW、表面张力 γ^{LW} 可以通过测定二碘甲烷的初始接触角代入式(4-11)求得。

　　由表 4-2 和表 4-3 可知，材料表面的自由能由路易斯-范德华力和酸碱力两部分组成，以路易斯-范德瓦耳斯力为主，酸碱力构成中，碱参量占主导。随着单板厚度的增加，重组木的表面自由能由于路易斯-范德瓦耳斯力的增加而逐渐增加；随着密度的增加，重组木的表面自由能逐渐增加，但路易斯-范德瓦耳斯力逐渐降低，酸碱力逐渐增加，表面的极性增强；随着浸渍量的增加，重组木的表面自由能略有下降，表面自由能差异是由表面的酸碱力引起的，浸渍量增加使材料得到均匀包裹导致表面钝化，降低了表面的极性，导致表面的酸碱力降低；热压重组木的表面自由能略低于冷压重组木，主要是由于热压过程中胶黏剂容易再分布和分散，形成对材料的均匀包裹；铺装方式采用随意铺装的重组木表面自由能略高于平行铺装。

表 4-2　单板厚度和密度对重组木表面自由能的影响

参数	单板厚度/mm				密度/(g/cm^3)					
	1.8	4.0	6.0	8.0	0.80	0.85	0.90	0.95	1.00	1.05
表面自由能/(mJ/m^2)	57.17	57.41	57.70	57.63	56.77	57.34	57.70	57.77	57.86	57.81
路易斯-范德瓦耳斯力/(mJ/m^2)	43.25	43.68	43.72	45.29	46.29	44.72	43.72	43.49	43.38	42.27
酸碱力/(mJ/m^2)	13.93	13.73	13.98	12.35	10.48	12.91	13.98	14.28	14.48	15.54
酸参量/(mJ/m^2)	1.76	1.24	1.19	0.89	0.54	0.91	1.19	1.29	1.41	1.97
碱参量/(mJ/m^2)	27.50	37.93	41.23	43.06	50.60	45.80	41.23	39.56	37.30	30.60

表 4-3　浸渍量、压制方式和铺装方式对重组木表面自由能的影响

参数	浸渍量/%			压制方式		铺装方式	
	10	14	18	冷压	热压	平行	随意
表面自由能/(mJ/m^2)	57.84	57.70	57.53	57.81	57.59	57.70	57.80
路易斯-范德瓦耳斯力/(mJ/m^2)	43.58	43.72	43.94	42.27	42.17	43.72	44.79
酸碱力/(mJ/m^2)	14.26	13.98	13.59	15.54	15.42	13.98	13.00
酸参量/(mJ/m^2)	1.31	1.19	1.03	1.97	2.16	1.19	1.03
碱参量/(mJ/m^2)	38.73	41.23	44.60	30.60	27.46	41.23	41.12

4.5　重组木的表面形貌特征

由图 4-12 和图 4-13 可知，在超景深显微镜观察下，橙色和黄色代表重组木表面相对高度较大的区域即凸起的部分，绿色代表相对高度居中的区域，蓝色和紫色代表相对高度较小的区域即平坦的部分。重组木表面形貌和线粗糙度与之前测试的粗糙度数值呈现一致的趋势，即随着单板厚度增加，重组木表面粗糙度增大；而随着密度的增加，重组木的表面粗糙度减小。

由图 4-14 和图 4-15 可知，在超景深显微镜观察下，浸渍量增加，重组木

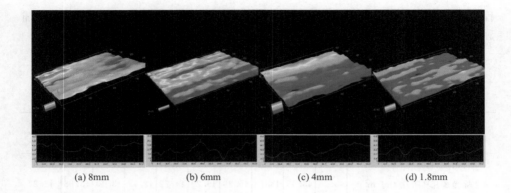

(a) 8mm   (b) 6mm   (c) 4mm   (d) 1.8mm

图 4-12　单板厚度对重组木表面形貌及线粗糙度的影响（见封三）

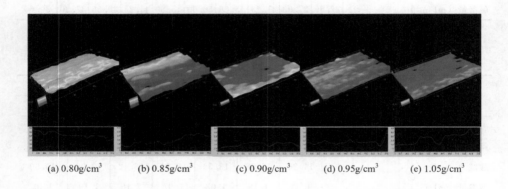

(a) 0.80g/cm³   (b) 0.85g/cm³   (c) 0.90g/cm³   (d) 0.95g/cm³   (e) 1.05g/cm³

图 4-13　密度对重组木表面形貌及线粗糙度的影响（见封三）

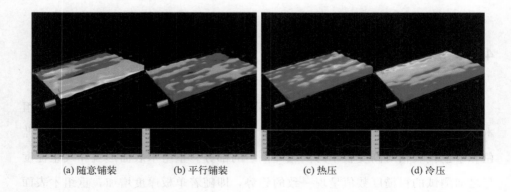

(a) 随意铺装   (b) 平行铺装   (c) 热压   (d) 冷压

图 4-14　铺装方式和压制方式对重组木表面形貌及线粗糙度的影响

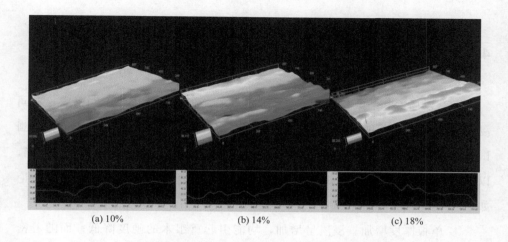

(a) 10%　　　　　　　　　(b) 14%　　　　　　　　　(c) 18%

图 4-15　浸渍量对重组木表面形貌及线粗糙度的影响

的粗糙度增加；热压重组木的粗糙度低于冷压重组木；采用随意铺装的重组木的粗糙度高于平行铺装，但影响不明显。

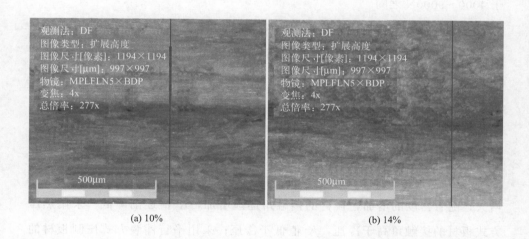

(a) 10%　　　　　　　　　　　　　　　　(b) 14%

图 4-16　不同浸渍量时胶黏剂对重组木表面的包裹情况

由图 4-16 可知，显微镜放大倍数为 277 时，在不同浸渍量条件下，高浸渍量对材料能够形成更加均匀的包裹。

4.6 小结

本章以杨木和酚醛树脂为原材料，探讨在不同单板厚度、不同密度、不同浸渍量、不同铺装方式、不同压制方式条件下压制重组木的表面性能。主要测试和分析的表面性能包括表面硬度、表面粗糙度、表面接触角和表面自由能，以及采用超景深显微镜直观分析其表面粗糙度和表面形貌。得出的主要结论如下。

① 单板厚度增加、浸渍量增加，均能引起重组木的硬度降低；而随着密度的增加，重组木的硬度逐渐增大；热压重组木的硬度优于冷压重组木；采用随意铺装的重组木硬度略低于平行铺装。5 个工艺条件，对重组木硬度影响最显著的是密度，随着密度的变化，硬度最大增长幅度为 106.57%；铺装方式影响最小，变化幅度仅为 4.16%。在本试验设计的范围内，重组木的硬度处于 4000~9000N 之间。

② 重组木表面轮廓算术平均偏差 Ra 与重组木表面轮廓最大高度 Rz 呈现不同的变化趋势，且 Ra 的变化幅度小于 Rz。单板厚度增加、浸渍量增加，均能引起重组木的粗糙度增加；而随着密度的增加，重组木的粗糙度降低；热压重组木的粗糙度低于冷压重组木；采用随意铺装的重组木粗糙度高于平行铺装。5 个工艺条件，对重组木粗糙度影响最显著的是密度，Ra 和 Rz 的变化幅度分别为 26.51% 和 28.27%，其次是浸渍量。

③ 单板厚度增加、浸渍量增加，均能使得板材的接触角降低，K 值逐渐增大；随着密度的增加，板材的接触角逐渐增加，K 值逐渐降低；采用热压方式板材的接触角高于冷压，K 值低于冷压；采用平行铺装方式压制板材的接触角大于随意铺装，K 值低于随意铺装。三种液体中甲酰胺 K 值最大，甲酰胺＞水＞二碘甲烷，K 值越大，液体延展渗透速率越快，所以甲酰胺接触角下降最快。

④ 随着单板厚度的增加，重组木的表面自由能逐渐增加；随着密度的增加，重组木的表面自由能逐渐增加，但路易斯-范德瓦耳斯力逐渐降低，酸碱

力逐渐增加，表面的极性增强；随着浸渍量的增加，重组木的表面自由能略有下降；热压重组木的表面自由能略低于冷压重组木；采用随意铺装的重组木的表面自由能略高于平行铺装。

⑤ 在超景深显微镜观察下，重组木表面形貌和线粗糙度与之前测试的粗糙度变化趋势一致。在不同浸渍量条件下，高浸渍量对材料能够形成更加均匀的包裹。

第 5 章

重组木耐候性能研究

————

纤维化单板重组木产品不仅可以应用于园林景观栈道、户外装饰装潢、亭园护栏等室外场合，而且可以广泛应用于房屋建筑中，这样必然会受到各种气候条件的影响，如高温、高湿、强紫外线等，不可避免地会出现老化现象，所以对重组木材料的耐候性能研究是十分必要的。

① 自然老化。将复合材料试样放置于户外自然环境中，定期测试物理、力学性能和外观指标来检验其变化，并建立系统的老化基础数据库，从而可以有效评价耐老化性能、预测材料寿命和采取适合的防护方式以延长其使用寿命。复合材料自然老化试验具有周期长、数据分散性强和需要大量试样等特点。通常要在气候差异较大的地点，比如亚热带沿海气候（广州和上海）、寒温带干冷气候（哈尔滨）、强紫外线地区（昆明和拉萨）等地做对比测试；还需要测试不同期龄的试样，比如 1 月、2 月、1 年、2 年、5 年等，甚至 10 年、20 年[167-169]。通过长期大量的测试可以建立客观的老化数据库，帮助研究人工加速老化规律与自然老化规律之间的关系，从而有效预测木质复合材料的使用寿命。

② 人工加速老化。是在室内模拟自然环境中的主要老化因子，从而加快材料物理力学性能的改变，以期在短时间内获得材料在自然环境下长时间暴露的效果[170]。首先需要根据材料的具体使用环境，确定其老化试验采用的人工加速方法，并探索加速老化和自然老化的相关性。另外，人工加速老化的取样

周期要根据材料的老化规律而定。

对于重组木，木材与胶黏剂都具有亲水性基团，当湿度变化时，因木材和胶黏剂的湿胀系数不同，会在复合材料中产生湿应力，湿应力会引起胶层水解，从而影响复合材料的胶合能力和力学性能。当温度变化时，因木材和胶黏剂的热膨胀系数不同，会在胶合界面产生热力应变，直接影响复合材料的物理、力学性能。因此，有必要对重组木进行人工加速湿热老化性能评价。

本章探索了纤维化单板重组木户外自然老化的性能，通过采集不同老化期龄的材料表面颜色、尺寸稳定性及力学强度的数据，对比分析其变化，从而研究在不同工艺条件下制备的重组木的自然耐候性能。同时，在人工加速老化试验条件下，通过采集三个老化期龄的材料表面粗糙度、尺寸稳定性及力学强度的数据，对比分析其变化，从而评价不同工艺条件下制备的重组木材料的人工加速湿热老化性能。

5.1　重组木的制造参数和性能测试方法

5.1.1　重组木制造参数

试验材料采用 6mm 厚纤维化单板和酚醛树脂胶黏剂冷压制备而成的杨木重组木，同第 2 章，具体生产参数如表 5-1 所示。所有材料在表面性能测试前须进行砂光处理，砂光目数为 200 目，将表面砂光至平整。

表 5-1　杨木重组木基本参数

材料	密度/(g/cm³)	浸渍量/%	铺装方式
	0.90	14	平铺
	1.00	14	平铺
杨木重组木	1.00	14	随意铺
	1.00	19	平铺
	1.05	14	平铺

试验所用设备如下。

交变高低温湿热老化试验箱：GD（J）S-100，北京东工联华科学仪器设备有限公司。

万能力学试验机：微机控制 MWD-W10，济南时代试金试验机有限公司。

色差仪：型号 CR-400，日本柯尼卡美能达公司。

粗糙度测定仪：型号 E35A，东京精密电子公司。

傅里叶变换红外光谱仪（FTIR）：型号 Bruker tensor27，德国布鲁克光谱仪器公司。

X 射线光电子能谱仪（XPS）：型号 K-Alpha$^+$，美国赛默飞世尔科技公司。

水浴锅、烘箱、天平、秒表、恒温恒湿箱、游标卡尺等。

5.1.2 重组木性能测试方法

5.1.2.1 老化试验方法

将制备好的重组木放置在户外环境中，经历自然界的日光暴晒和风吹雨淋等户外条件刺激。试件放置地点为中国林业科学研究院木材工业研究所门头沟试验工厂，放置时间为 2017 年 4 月 26 日～2018 年 1 月 28 日。每隔一个月测试试件的尺寸变化和表面颜色，试件放置 9 个月后，对其弯曲强度、弹性模量、水平剪切强度和耐水性能进行测试。

将重组木试件置于交变高低温湿热老化试验箱中，根据《玻璃纤维增强塑料老化性能试验方法》（GB/T 2573—2008）中规定的试验条件，采用常温高湿（25℃±2℃、93％湿度）和高温高湿（60℃±2℃、95％湿度）两个条件对重组木进行加速老化试验，试验每 24h 为一个循环，其中包括 12h 的常温和 12h 的高温。然后分别在老化 30d、60d、90d 后取样进行表面性能、力学性能和耐水性能的测试。

5.1.2.2 物理、力学性能测试方法

力学性能和耐水性能测试参照《人造板及饰面人造板理化性能试验方法》

（GB/T 17657—2022）、《单板层积材》（GB/T 20241—2021）和《重组竹地板》（GB/T 30364—2013）中的规定，具体测试方法同 2.1.3.5。

5.1.2.3　表面粗糙度和色差测试方法

（1）表面粗糙度测定

参考《产品几何技术规范（GPS）表面结构　轮廓法　表面粗糙度参数及其数值》（GB/T 1031—2009）规定，表面粗糙度测定可用三类参数来表征。本书选用基本评定参数轮廓算术平均偏差 Ra 进行表征，采用表面粗糙度测定仪进行测定。

（2）表面颜色测量及色差评价

色差评价的前提是对颜色的准确测量，实际操作时，应该在国际照明委员会（CIE）的标准照明体下进行，同时选择合适的视场范围。

根据《人造板及饰面人造板理化性能试验方法》（GB/T 17657—2022）中规定，重组木表面颜色测试采用 CIE 优先推荐的 D65 标准光源，测量得到CIELAB 均匀颜色空间中材色指数 L^*、a^*、b^* 值。L^*、a^*、b^* 的值可以从三刺激值（X，Y，Z）计算出来，也可以直接测量得到。其中 L^* 表示颜色的明度，a^* 表示该颜色在红绿轴方向的投影位置，b^* 则表示颜色在黄蓝轴方向的投影位置。在 CIELAB 颜色空间中，两个颜色（L_1^*，a_1^*，b_1^*）和（L_2^*，a_2^*，b_2^*）之间的色差 ΔE_{ab}^* 表述式为：

$$\Delta E_{ab}^* = \left[(\Delta L^*)^2 + (\Delta a^*)^2 + (\Delta b^*)^2\right]^{1/2} \tag{5-1}$$

式中，

$$\left.\begin{array}{l}\Delta L^* = L_1^* - L_2^* \\ \Delta a^* = a_1^* - a_2^* \\ \Delta b^* = b_1^* - b_2^*\end{array}\right\} \tag{5-2}$$

用笛卡尔直角坐标表示颜色的视觉特性，其与颜色的关系如图 5-1 所示。在明度轴（黑白轴）上，$L^* = 0$ 表示黑色，$L^* = 100$ 表示白色；在等明度的

a^*b^* 平面上，$+a^*$ 为红色方向，$-a^*$ 为绿色方向，$+b^*$ 为黄色方向，$-b^*$ 为蓝色方向。

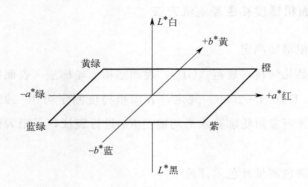

图 5-1　CIELAB 颜色空间中坐标与颜色的关系

评价材料表面颜色变化时，$\Delta L^* > 0$，表示材料明度增大，$\Delta L^* < 0$，说明明度降低；$\Delta a^* > 0$，材料表面颜色更红，$\Delta a^* < 0$，材料表面颜色更绿；$\Delta b^* > 0$，材料表面颜色更黄，$\Delta b^* < 0$，材料表面颜色更蓝。因此，在评价重组木老化过程中表面颜色变化情况时，可以通过颜色坐标值判断出颜色偏差的大小及偏色方向。

5.1.2.4　FTIR 分析方法

试样制作采用溴化钾（KBr）压片法：用单面刀片从老化和未老化重组木表面刮取粉末，将重组木粉末和溴化钾以 1∶200 的比例混合，研磨至细粉状，然后用压片机压制出透明薄片进行扫描。采用 Bruker tensor27 型傅里叶变换红外光谱仪进行扫描，红外光谱分辨率为 $4cm^{-1}$，光谱测量范围采用 $400\sim4000cm^{-1}$ 中红外区，扫描次数为 32 次。

5.1.2.5　XPS 分析方法

将试样切成 5mm×5mm×1mm 的方形薄片，放入 X 射线光电子能谱仪，抽真空，待分析室真空度达到 $2×10^{-7}$MPa 时，开始工作。X 光源为单色化的 Al Kα 源。全谱扫描，通能为 100eV；窄谱扫描，通能为 30eV，扫描次数为 5 次。数据处理使用 Thermo Avantage 和 Origin8 软件。

5.2　重组木自然老化性能分析

5.2.1　自然老化力学性能分析

采用 1# 胶黏剂，浸渍量分别为 13％ 和 19％，6mm 厚度纤维化单板，压制密度为 1.0g/cm³ 的重组木为试验材料，经过 9 个月的户外自然老化后，进行抗弯性能和抗剪切性能研究。老化后重组木材料的弯曲强度和弹性模量整体呈现下降的趋势。如图 5-2(a) 所示，浸渍量为 13％ 的重组木弯曲强度下降幅度较大，达到 15.3％；而浸渍量为 19％ 的重组木静曲强度下降 8.4％，几乎是前者的一半。由第 4 章研究结论可知，高浸渍量的重组木，胶黏剂对木材表面能够形成更多更均匀的包裹，从而有利于抵抗外界环境对木材本体的破坏，所以相同密度下高浸渍量的重组木弯曲强度的耐候性更优。由图 5-2(b) 可知，浸渍量为 13％ 和 19％ 重组木的弹性模量经过 9 个月的老化后，都有下降，幅度相差不大，分别为 12.3％ 和 14.9％，说明老化过程对二者的弹性形变性能都有不利的影响，但相差不大。

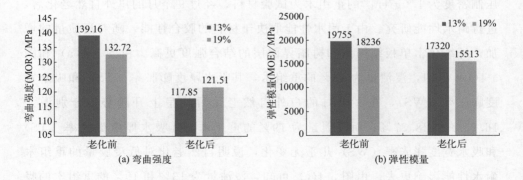

图 5-2　自然老化对重组木抗弯性能的影响

　　重组木的抗剪切性能取决于材料的胶合性能，随着浸渍量的增加，纤维化木单板结构体和树脂界面层的结合强度更高。如图5-3所示，9个月的户外老化使得浸渍量为13％和19％的重组木剪切强度分别下降5.04％和3.99％，说明高浸渍量的重组木其抗剪切性能的耐候性较优，但二者差别不显著。

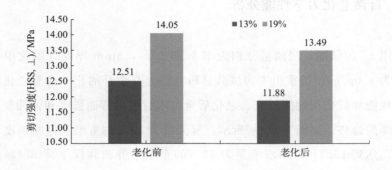

图5-3　自然老化对重组木抗剪切性能的影响

5.2.2　自然老化耐水性能分析

　　采用1#胶黏剂，浸渍量分别为13％和19％，6mm厚度纤维化单板，压制密度为1.0g/cm³的重组木为试验材料，经过9个月的户外自然老化后，进行耐水性能研究。由于耐水性能取决于材料的胶合性能，随着浸渍量的增加，纤维化木单板结构体和树脂界面层的结合强度更高。由图5-4(a)和图5-4(b)可知，浸渍量为13％的重组木，其吸水厚度膨胀率（TS）和吸水宽度膨胀率（WS），在9个月的户外自然老化后均呈上升趋势，分别增大16.98％和28.37％；而浸渍量为19％的重组木，其吸水厚度膨胀率（TS）和吸水宽度膨胀率（WS）几乎无变化，说明自然老化对低浸胶量的重组木耐水性能影响更大。由图5-4(c)可知，浸渍量为13％和19％的重组木的吸水率（WA）都有大幅增长，特别是浸渍量为19％的重组木，增长幅度达到132.3％。

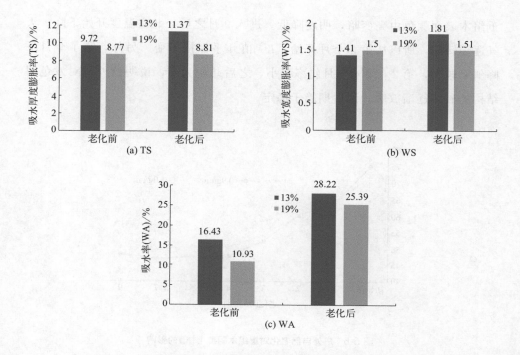

图 5-4　自然老化对重组木耐水性能的影响

5.2.3　自然老化表面颜色分析

采用 $1^{\#}$ 胶黏剂，6mm 厚纤维化单板，分别压制密度为 $0.9g/cm^3$ 和 $1.0g/cm^3$ 的重组木为试验材料，在 9 个月的户外自然老化过程中，每隔一个月测量一次表面颜色值。明度 L^* 值变化情况如图 5-5 所示，户外放置 9 个月后，$0.9g/cm^3$ 和 $1.0g/cm^3$ 两种密度的重组木 L^* 值均呈现降低趋势，密度较高的重组木明度值下降幅度相对较小，但二者降低幅度差别不明显，放置 4 个月后分别下降 36.1% 和 29.8%。重组木暴露在户外环境中，随时间延长，L^* 值呈现先减小后趋于稳定的趋势，户外暴露 4 个月后 L^* 值降到最低。因为试件是 4 月底放置在户外的，北京的 5～8 月正值高温季节，而且温度随时间逐渐增加，所以这 4 个月是一年中太阳辐射最强和气温最高的季节。日光中的强紫外线使重组木表面降解，破坏发色团的结构，在高温和高湿的共同作用下，重组木表面颜色由亮变暗，明度降低。进入 9 月之后，北京温度开始下降，天气逐渐转凉，所以从第 5 个月开始，L^* 值几乎保持不变。另外，第 1 个月下降斜率较大，第 2～第 4 个月斜率稍小，之后几乎为零，说明紫外线对发色团结构的破坏逐渐放缓，到后期趋于稳定。

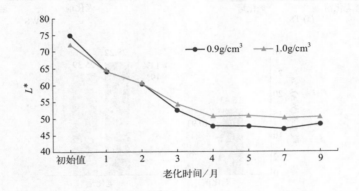

图 5-5　户外自然老化对重组木明度 L^* 值的影响

由图 5-6 可以看出，户外放置 9 个月后，0.9g/cm³ 和 1.0g/cm³ 两种密度的重组木 a^* 值随着暴露时间的延长，呈现先增大后减小的趋势，且二者在前 4 个月的老化期内，变化规律几乎相同。暴露 1 个月后，a^* 值达到最高，表明重组木表面颜色逐渐变红，二者比未暴露前分别上升了 67.6% 和 34.3%。第 2 个月，a^* 值保持不变，第 3 个月开始下降，在 4 个月时达到最低，之后

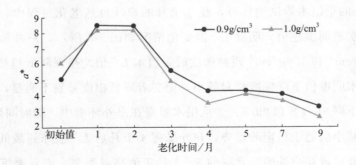

图 5-6　户外自然老化对重组木红绿轴 a^* 值的影响

密度 0.9g/cm³ 的重组木呈平缓上升又下降的趋势，而密度 1.0g/cm³ 的重组木呈缓慢下降趋势，这与前 4 个月北京气温高和强紫外线有关。

由图 5-7 可以看出，在户外放置 9 个月的自然老化过程中，0.9g/cm³ 和 1.0g/cm³ 两种密度的重组木 b^* 值随时间变化的曲线几乎重合，表明密度对黄蓝轴 b^* 值基本无影响。随暴露时间延长，重组木的 b^* 值呈先增大后减小的趋势。暴露 1 个月后，两种密度重组木的 b^* 值达到最高，上升幅度分别为 17.09% 和 13.59%，表明重组木有变蓝的趋势。此后一直下降，暴露 4 个月后其值达到最低，之后随季节的变化保持较平稳的上下浮动。

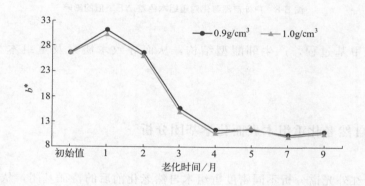

图 5-7 户外自然老化对重组木黄蓝轴 b^* 值的影响

由图 5-8 可知，0.9g/cm³ 和 1.0g/cm³ 两种密度重组木的色差 ΔE_{ab}^* 值均随暴露时间的延长，呈现先增大后基体保持不变的趋势。暴露 4 个月后，ΔE_{ab}^* 值达到峰值，此后随户外气候的变化而略有波动。密度为 1.0g/cm³ 的重组木在老化过程中，色差变化小于密度为 0.9g/cm³ 的重组木，说明增大密度有利于材料表面颜色的稳定性。暴露 9 个月后，0.9g/cm³ 和 1.0g/cm³ 两种密度重组木的颜色与暴露前重组木颜色的色差值 ΔE_{ab}^* 分别达到 30.81 和 27.07，这对于人眼对颜色的感知来说（一般 ΔE_{ab}^* 值大于 3 即可感知），是非常明显的颜色差。

户外自然老化过程中，重组木在紫外光的作用下表面的木质素迅速降解，酚羟基降解生成苯氧自由基，这个中间产物与氧作用诱发木质素中的愈

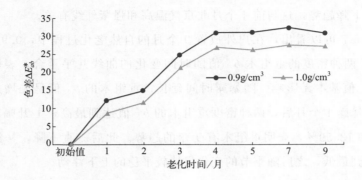

图 5-8　户外自然老化对重组木色差 ΔE_{ab}^* 值的影响

疮木基脱甲基过程，产生邻醌型结构，从而导致木质素及重组木材料表面变色[111]。

5.2.4　自然老化重组木表面化学基团分析

利用红外光谱分析不同密度重组木自然老化前后的特征基团，从而定性和半定量分析杨木重组木材料纤维素、半纤维素和木质素的变化情况。木材红外光谱的特征峰及归属如表 5-2 所示。

表 5-2　木材红外光谱的特征峰及归属

波数/cm^{-1}	特征基团	归属
1740～1730	—COOH(C=O)	半纤维素（木聚糖）
1610～1605	C=C	木质素（骨架）
1510	C=C	木质素（骨架）
1462	C—H	木质素（骨架）
1425～1423	C—H$_2$	木质素（骨架）+纤维素
1375～1373	C—H	纤维素+半纤维素
1335～1330	O—H	木质素（s）

续表

波数/cm^{-1}	特征基团	归属
1270～1267	C—O	半纤维素
1244～1242	C—O	木质素
1161～1159	C—O—C	纤维素＋半纤维素
1103	C—H	木质素
1050～1030	C—O,C—H	木质素(s)
898	C—H	纤维素＋半纤维素

由表 5-2 可知，木质素的特征吸收峰较多，主要分布在 1610～1605cm^{-1}、1510cm^{-1}、1462cm^{-1}、1335～1330cm^{-1}、1244～1242cm^{-1} 和 1103cm^{-1} 附近，主要包括 C═C 和 C—H 的伸缩振动。半纤维素的特征吸收峰分布在 1740cm^{-1} 和 1270cm^{-1} 附近，包括 C═O 和 C—O 伸缩振动。因此，可以根据各个峰的变化情况，来分析重组木在老化之后发生的化学基团变化。

分析对比 0.9g/cm^3 和、1.0g/cm^3 和 1.05g/cm^3 三种密度的重组木，经过 9 个月的户外自然老化，它们的红外吸收呈现相同的变化趋势，纤维素、半纤维素和木质素都有不同程度的降解，其特征吸收峰在老化后都变得平缓，而且随着密度的增大，降解的幅度增大，如图 5-9 所示。1740cm^{-1} 和 1270cm^{-1} 附近的 C═O 和 C—O 的伸缩振动大幅度降低，特别是密度为 1.0g/cm^3 和 1.05g/cm^3 这两种重组木，说明重组木中半纤维素含量降低。分析其原因，主要有两方面：一方面是半纤维素的乙酰基在户外光照和湿热条件下降解，导致羰基数量减少；另一方面是半纤维素中的多糖类物质在湿热和紫外线作用下，降解为其他短链化合物，在湿热条件下，又进一步生成一些不溶于水的聚合物。1610～1605cm^{-1} 和 1510cm^{-1} 附近的 C═C 代表木质素的苯环碳骨架振动，其强度减弱，表明户外放置 9 个月自然老化后，杨木重组木的木质素相对含量降低，而且随着密度越大。降低幅度越大。原因是木质素脂肪族侧链分解以及木质素之间发生了缩合反应。

密度为 1.05g/cm^3 的重组木在 1375～1373cm^{-1} 附近的 C—H 伸缩振动强度降低明显，主要原因是纤维素和半纤维素表面的羟基在热处理过程中形

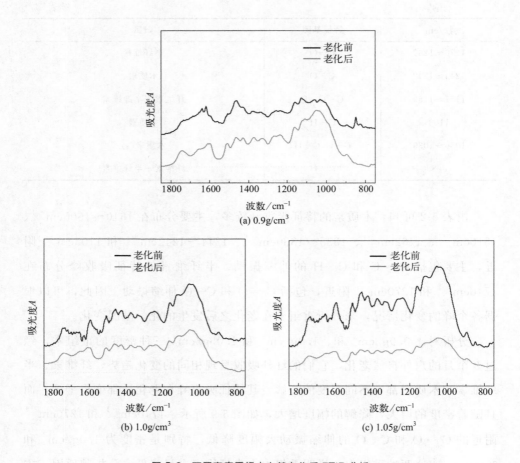

图 5-9　不同密度重组木自然老化后 FTIR 分析

成醚键，导致羟基含量降低。1270～1267cm^{-1} 附近的 C—O 伸缩振动强度减弱，原因是在紫外线和湿热作用下，半纤维素的乙酰基降解，并与游离羟基发生反应，生成乙酸，乙酸进一步促进半纤维素的降解。1103cm^{-1} 附近的 C—H 伸缩振动峰强度增强，主要原因是多糖降解形成了新的醇类和酯类物质，并与木质素发生交联。898cm^{-1} 附近的 C—H 伸缩振动代表纤维素和半纤维素的非对称振动，其强度减弱，主要是由于老化过程中半纤维素的降解。

5.2.5　自然老化重组木表面 C 和 O 元素分析

X 射线光电子能谱（XPS），也被称为化学分析电子能谱（ESCA），它的原理基于光电效应。利用 XPS 分析不同密度重组木自然老化前后的 C、O 元素的相对含量，从而可以定量分析杨木重组木材料纤维素、半纤维素和木质素的变化情况。木材表面 C 元素 C 1s 层的电子结合能与化学键形式如表 5-3 所示。

表 5-3　木材碳峰组分的分类及归属

组分	电子结合能/eV	化学键	归属
C_1	284.6	C—C,C—H	木质素和抽提物
C_2	286.1	C—O	纤维素和半纤维素
C_3	288.0	C=O,O—O	木质素和半纤维素
C_4	289.3	O—C=O	半纤维素和抽提物

XPS 分析方法通常采用 O/C 比来表征材料表面化学结构的变化，O/C 比可以通过各个元素的总峰面积来计算。纤维素主要由 1 种 C_3 型原子和 5 种 C_2 型原子构成，其 O/C 比约为 0.83；半纤维素分子中含有阿拉伯半乳糖，由 1 种 C_3 型原子和多于 5 种 C_2 型原子及至少 1 种 C_4 型原子组成，其 O/C 比约为 0.8；木质素主要由 C_1 和 C_2 型原子组成，O/C 比约为 0.33；抽提物主要包括亲脂性的化合物，其 O/C 比约为 0.1。因此，可以反推，材料表面有较高的 O/C 比时，表明其表面含有较高比例的纤维素和半纤维素；材料表面有较低的 O/C 比时，表明其表面含有较高比例的木质素和抽提物。

由图 5-10 可知，$0.9g/cm^3$ 和、$1.0g/cm^3$ 和 $1.05g/cm^3$ 三种密度的重组木表面存在的主要元素均为 C 元素和 O 元素，分别出现在电子结合能 284eV 和 532eV 附近。另外，少量的 Si 元素也被检测到分布在重组木表面，其电子结合能在 101eV 左右。C 元素的化学键结合方式决定了重组木表面组分的结构，可以根据 C 1s 峰的化学位移得到化学结构变化的相关信息。从

图 5-10 宽谱图中可以看到，三个密度的重组木经过 9 个月的自然老化后，O/C 比均有明显升高。主要原因有：①木质素对波长在紫外光区 295～400nm 之间的光波都会有强吸收，木质素中的 α-羰基和芳香环的共轭双键结构被破坏，发生降解，木质素相对含量降低；②重组木表面的胶黏剂在 9 个月的户外老化过程中发生降解，固化后的酚醛树脂胶黏剂结构与木质素结构类似；③户外紫外线和湿热等作用导致含氧量高的副产物生成，O 元素的相对含量升高。

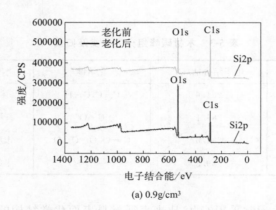

(a) 0.9g/cm³

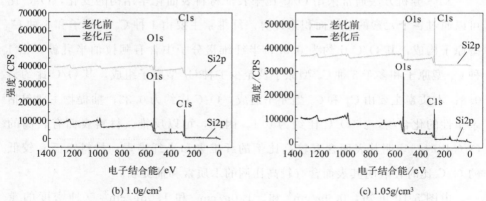

(b) 1.0g/cm³　　　　(c) 1.05g/cm³

图 5-10　不同密度重组木自然老化 XPS 宽谱图

5.3　重组木人工加速老化性能分析

5.3.1　人工加速老化力学性能分析

采用 1# 胶黏剂，浸渍量为 13％，6mm 厚纤维化单板，压制密度为 1.05g/cm³ 的重组木为试验材料，经过 90d 三个阶段的人工加速交变高低温湿热老化后，进行抗弯性能和抗剪切性能研究。如图 5-11 所示，经过 90d 老化后，重组木材料的弯曲强度和弹性模量整体呈现下降的趋势。其中，弯曲强度基本呈直线型下降，90d 后弯曲强度下降 14.22％；弹性模量在老化 30d 和 60d 后有明显下降，分别下降 8.41％和 19.84％，90d 后则趋于稳定，数值较 60d 只下降 2.39％。

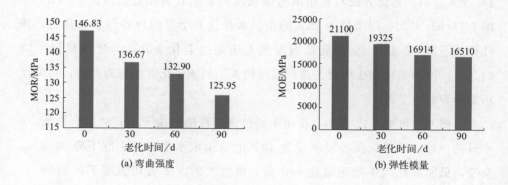

(a) 弯曲强度　　　　　　　　　　(b) 弹性模量

图 5-11　交变高低温湿热老化对重组木抗弯性能的影响

由图 5-12 可知，交变高低温湿热人工加速老化对重组木的水平剪切强度有减弱作用，老化 30d 后剪切强度下降 4.0％，60d 和 90d 后较 30d 和 60d 后分别下降 13.9％和 11.52％。老化中期和后期重组木的剪切强度下降幅度更大，因为剪切强度取决于材料的胶合性能，交变高低温湿热条件对胶黏剂的影响在老化中后期更为显著。

对比自然老化和人工加速老化重组木的力学性能，由图 5-2(a) 和图 5-11

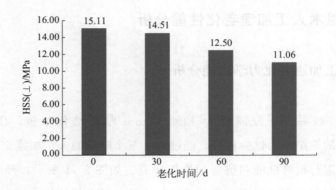

图 5-12　交变高低温湿热老化对重组木抗剪切性能的影响

(a) 可知，户外自然老化 9 个月后，浸渍量为 13％的重组木的弯曲强度下降 15.3％；交变高低温湿热人工加速老化 90d 后，重组木的弯曲强度下降 14.22％，两种老化方法对重组木弯曲强度的影响较为接近。由图 5-2(b) 和图 5-11(b) 可知，浸渍量为 13％的重组木经过 9 个月的户外自然老化后，弹性模量下降 12.3％；交变高低温湿热人工加速老化 90d 后，弹性模量下降 21.8％。两种老化方法中交变高低温湿热人工加速老化方法更为严苛，对弹性形变的影响更显著。

　　由图 5-3 和图 5-12 可知，重组木的抗剪切性能取决于材料的胶合性能，9 个月的户外自然老化使得浸渍量为 13％的重组木水平剪切强度下降 5.04％；交变高低温湿热人工加速老化 90d 后，重组木的水平剪切强度下降 26.8％。两种老化方法中交变高低温湿热人工加速老化方法更为严苛，对抗剪切性能的影响更显著。

5.3.2　人工加速老化耐水性能分析

　　采用 $1^{\#}$ 胶黏剂，浸渍量为 13％，6mm 厚纤维化单板，压制密度为 0.90g/cm³ 的重组木为试验材料，经过 90d 三个阶段的人工加速交变高低温湿热老化后，进行耐水性能研究。如图 5-13 所示，经过 90d 的交变高低温湿热老化后，重组木材料的吸水厚度膨胀率（TS）增大 14.95％；吸水宽度膨胀率（WS）却是减小，减小幅度为 16.4％；吸水率（WA）有小幅波动，但 90d 后与老化前相比，变化不大。

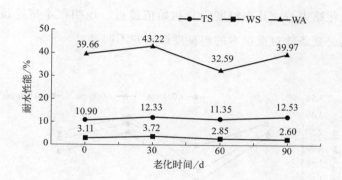

图 5-13　交变高低温湿热老化对重组木耐水性能的影响

　　对比自然老化和人工加速老化耐水性能，由图 5-4（a）和（b）可知，浸渍量为 13％的重组木，其吸水厚度膨胀率和吸水宽度膨胀率，在 9 个月的户外自然老化后均呈上升趋势，分别增大 16.98％和 28.37％；由图 5-13 可知，经过 90d 的交变高低温湿热人工加速老化后，重组木材料的吸水厚度膨胀率增大 14.95％，吸水宽度膨胀率却是减小，减小幅度为 16.4％。两种老化方法对于重组木耐水性能的影响并不一致。

　　由图 5-4（c）可知，自然老化条件下，吸水率有大幅增长，特别是浸渍量为 19％的重组木，增长幅度达到 132.3％；由图 5-13 可知，在交变高低温湿热人工加速老化条件下，吸水率仅有小幅波动，变化不大，因此这种人工加速老化方法不能模拟自然环境对重组木耐水性能的影响。

5.3.3　人工加速老化重组木表面粗糙度分析

　　采用 1$^{\#}$ 胶黏剂，6mm 厚纤维化单板，分别压制密度为 0.9g/cm^3、1.0g/cm^3 和 1.05g/cm^3 的重组木为试验材料，经过 90d 三个阶段的人工加速交变高低温湿热老化后，进行粗糙度分析。从测试观察的结果来看，如图 5-14 所示，老化后重组木表面轮廓算术平均偏差 Ra 呈现一定幅度的波动，呈先降低后增加又降低的趋势，随着交变高低温湿热老化时间的延长，密度为 $0.9g/cm^3$、$1.0g/cm^3$ 和 $1.05g/cm^3$ 的重组木表面的粗糙度波动规律相近。90d 的人工加速老化结束后，其粗糙度均与初始值接近，说明在本试验设计范围内，高低温湿热交变条件对重组木的粗糙度影响并不明显。

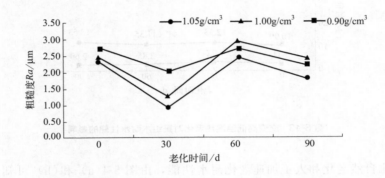

图 5-14　交变高低温湿热老化对重组木粗糙度 Ra 的影响

另外，由于自然界中暴晒、风吹、雨淋、高低温等复杂气候条件的刺激，重组木户外自然老化后的表面粗糙度数值太大，超出量程，无法测量。对于粗糙度的人工加速老化方法，还需进一步研究，交变高低温湿热加速老化对表面粗糙度的影响不能模拟户外自然老化的复杂情况。

5.4　小结

本章对比分析了两种老化方法对重组木性能的影响，对于自然老化，通过采集不同老化期龄的材料表面颜色、尺寸稳定性及力学强度的数据，评价重组木材料的自然耐候性能；对于人工加速老化，通过采集三个老化期龄的材料表面粗糙度、尺寸稳定性及力学强度的数据，评价重组木材料的人工加速耐候性能。得出的主要结论如下。

① 对于抗弯性能，户外自然老化 9 个月后，浸胶量为 13％的重组木弯曲强度下降 15.3％，交变高低温湿热人工加速老化 90d 后，重组木的静曲强度下降 14.22％，两种老化方法对重组木弯曲强度的影响较为接近。浸渍量为 13％的重组木经过 9 个月的户外自然老化后，弹性模量下降 12.3％，交变高低温湿热人工加速老化 90d 后，弹性模量下降 21.8％。两种老化方法中交变高低温湿热人工加速老化方法更为严苛，对弹性形变的影响更显著。

对于抗剪切性能，9 个月的户外自然老化使得浸渍量为 13％的重组木水平剪切强度下降 5.04％，交变高低温湿热人工加速老化 90d 后，重组木的水平剪切强度下降 26.8％。两种老化方法中交变高低温湿热人工加速老化方法更为严苛，对抗剪切性能的影响更显著。

② 对于耐水性能，浸渍量为 13％的重组木，其吸水厚度膨胀率和吸水宽度膨胀率，在 9 个月的户外自然老化后均呈上升趋势，分别增大 16.98％和 28.37％；吸水率也有大幅增长，特别是浸渍量为 19％的重组木，增长幅度达到 132.3％。经过 90d 的交变高低温湿热人工加速老化后，重组木材料的吸水厚度膨胀率增大 14.95％，吸水宽度膨胀率却是减小，减小幅度为 16.4％；吸水率仅有小幅波动，变化不大。两种老化方法对于重组木耐水性能的影响并不一致，因此这种人工加速老化方法不能模拟自然环境对重组木耐水性能的影响。

③ 对于表面颜色和色差，户外放置 9 个月后，$0.9g/cm^3$ 和 $1.0g/cm^3$ 两种密度的重组木的 L^* 值均呈现降低趋势，户外暴露 4 个月后，L^* 值降到最低，之后几乎保持不变；重组木表面 a^* 值和 b^* 值随着暴露时间的延长，均呈现先增大后减小的趋势，暴露 1 个月后，a^* 值和 b^* 值达到最高，此后一直下降，暴露 4 个月后其值达到最低；重组木的 ΔE_{ab}^* 值随暴露时间的延长，呈现先增大后保持不变的趋势，暴露 4 个月后，ΔE_{ab}^* 值达到最高。密度为 $1.0g/cm^3$ 的重组木在老化过程中，色差变化小于密度为 $0.9g/cm^3$ 的重组木，说明密度增大有利于材料表面颜色的稳定性。

④ 对于表面粗糙度，密度为 $0.9g/cm^3$、$1.0g/cm^3$ 和 $1.05g/cm^3$ 的三种重组木，经过 90d 三个阶段的人工加速交变高低温湿热老化后，表面粗糙度的波动规律相近；90d 后，其粗糙度值均与初始值接近，说明在本试验设计范围

内，高低温湿热交变条件对粗糙度影响并不明显，因此不能模拟户外自然老化情况。

⑤ FTIR 分析得到，老化后，木质素特征峰的 C═C 和 C—H 的伸缩振动减弱，同时半纤维素特征峰 C═O 伸缩振动减弱，说明老化过程中重组木中木质素和半纤维素发生了降解。XPS 分析得出，老化后，O/C 比升高，重组木中木质素相对含量减少。

参考文献

[1]　国家林业局.2014 中国林业发展报告［M］.北京：中国林业出版社，2014.

[2]　王宏棣，黄海兵.我国结构用木质复合材现状与应用前景［J］.林业机械与木工设备，2007，35（9）：7-9.

[3]　郝春荣.木结构建筑在中国——从中西方木结构建筑的对比看中国木结构建筑的前景［J］.新建筑，2005（5）：4-7.

[4]　王俊先.重组竹——新工艺、新产品［J］.木材工业，1989，3（4）：52-53.

[5]　汪孙国，华毓坤.重组竹制造工艺的研究［J］.木材工业，1991，5（2）：14-18.

[6]　叶良明，姜志宏，叶建华，等.重组竹板材的研究［J］.浙江林学院学报，1991，8（2）：133-140.

[7]　李琴，华锡奇，戚连忠.重组竹发展前景展望［J］.竹子研究汇刊，2001，20（1）：76-80.

[8]　于文吉.我国重组竹产业发展现状及趋势分析［J］.木材工业，2012，26（1）：11-14.

[9]　徐有明，滕方玲.我国高性能重组竹研究进展及其研发建议［J］.世界竹藤通讯，2015，13（3）：1-7.

[10]　Yu Y L，Huang X A，Yu W J. High Performance of bamboo-based fiber composites from long bamboo fiber bundles and phenolic resins［J］.Journal of Applied Polymer Science，2014，131（12）：103-105.

[11]　于文吉，余养伦.我国木、竹重组材产业发展的现状与前景［J］.木材工业，2013，27（1）：5-8.

[12]　余养伦，于文吉.高性能竹基纤维复合材料制造技术［J］.世界竹藤通讯，2013，11（3）：6-10.

[13]　余养伦.高性能竹基纤维复合材料制造技术及机理研究［D］.北京：中国林业科学研究院，2014.

[14] 秦莉，于文吉. 重组竹研究现状与展望 [J]. 世界林业研究，2009，22（6）：55-59.

[15] Kikata Y, Nagasaka H, Machiyasiki T. Zephyr wood, a network of continuous fibers. I. Defibration of wood by roller crushing and recomposition of it. Mokuzai Gakkaish, 1989, 35：912-917.

[16] Kikata Y, Nagasaka H, Machiyasiki T. Zephyr wood, a network of continuous fibers. II. Production of low-density zephyr wood. Mokuzai Gakkaishi, 1989, 35：918-923.

[17] 王恺，肖亦华. 重组木国内外概况及发展趋势 [J]. 木材工业，1989，3（1）：40-43.

[18] 李坚，王金满. 重组木 [J]. 中国木材，1994（3）：26-27.

[19] 商晓霞，马岩，张建华，等. 国内外重组木研究近况及发展前景 [J]. 世界林业研究，1998（1）：37-42.

[20] 张贵麟，华毓坤. 澳大利亚重组木（scrimber）的考查 [J]. 林产工业，1991（6）：38-39.

[21] 马岩. 重组木技术发展过程中存在的问题分析 [J]. 中国人造板，2011（1）：1-5，9.

[22] 张奇，杨玲. 重组木的优势与存在的问题分析 [J]. 建筑人造板，2002（1）：7-8.

[23] 孟庆军，张莲洁. 试论我国重组木工业化 [J]. 林业机械与木工设备，2003，31（12）：4-5，9.

[24] 于文吉，余养伦. 结构用竹基复合材料制造关键技术与应用 [J]. 建筑科技，2012（9）：55-57.

[25] 于文吉. 我国高性能竹基纤维复合材料的研发进展 [J]. 木材工业，2011，25（1）：6-8，29.

[26] 余养伦，于文吉. 新型纤维化单板重组木的主要制备工艺与关键设备 [J]. 木材工业，2013，27（5）：5-8.

[27] 刘一星，赵广杰. 木质资源材料学 [M]. 北京：中国林业出版社，2004.

[28] 金维洙，马岩，刘伟，等. 不同树种构成的重组木力学性能的试验研究与分析 [J]. 林产工业，1998，25（1）：24-26.

[29] 邱学海，梁星宇，林雨斌，等. 两种压制方法对杨木重组木性能的影响 [J]. 林业机械与木工设备，2017，45（3）：40-43.

[30] 何文，金辉，田佳西，等. 热处理纤维化杨木单板条制造重组材的性能 [J]. 木材

工业，2016，30（3）：53-56.

[31] 陈勇平，王正，常亮，等. 杨木单板树脂增强重组材的制备及性能研究［J］. 西南林业大学学报，2014，34（1）：93-96，101.

[32] He M J，Zhang J，Zheng L. Production and mechanical performance of scrimber composite manufactured from poplar wood for structural applications［J］. Journal of Wood Science，2016，62（5）：429-440.

[33] 余养伦，于文吉. 我国小径桉树高值化利用研究进展［J］. 林产工业，2013，40（1）：5-8.

[34] 余养伦，周月，于文吉. 密度对桉树纤维化单板重组木性能的影响［J］. 木材工业，2013，27（6）：5-8.

[35] 陈风义，张亚慧，于文吉. 家具用高性能桉树重组木的制备及性能［J］. 木材工业，2016，30（6）：39-42.

[36] 张亚梅，于文吉，牛义. 浸胶法对桉树纤维化单板重组木性能的影响［J］. 木材工业，2015，29（5）：17-19.

[37] 鲍敏振. 户外用重组木的结构演变和防腐机理研究［D］. 北京：中国林业科学研究院，2017.

[38] 祝荣先，余养伦，于文吉. 木麻黄制备重组层积材研究［J］. 现代农业科技，2011（2）：223-224.

[39] 王春霞，崔立东，张晶，等. 椴木重组材压制工艺的研究［J］. 林业科技，2015，40（6）：35-37.

[40] 胡玉安，何梅，王玉，等. 樟树剩余物制备重组木工艺与性能研究［J］. 林业工程学报，2016，1（5）：36-39.

[41] Yu H X，Fang C R，Xu M P. Effects of density and resin content on the physical and mechanical properties of scrimber manufactured from mulberry branches［J］. Journal of Wood Science，2015，61（2）：159-164.

[42] 陈明及，吴金绒，陈骁轶，等. 不同因素对竹柳枝桠材重组木性能的影响［J］. 浙江农林大学学报，2016，33（4）：658-666.

[43] 陈明及，吴金绒，邓玉和，等. 竹柳枝桠材重组木的研制［J］. 西南林业大学学报，2015，35（1）：75-81.

[44] 吴金绒，邓玉和，侯天宇，等. 竹柳枝丫材性能及重组木制造［J］. 浙江农林大学学报，2014，31（6）：947-953.

[45] 潘石峰，王喜明．沙柳材的特性及重组木的研究［J］．木材工业，1991，5（5）：17-19.

[46] 阿伦．沙柳材重组木的制造工艺研究［D］．呼和浩特：内蒙古农业大学，2004.

[47] 阿伦，高志悦，马岩，等．沙柳材重组木的研制［J］．林业科技，2006，31（6）：35-37.

[48] 张亚梅，余养伦，李长贵，等．速生轻质木材制备高性能重组木的适应性研究［J］．木材工业，2016，30（3）：41-44.

[49] 张亚梅．李长贵，余养伦，等．中等密度木材制各高性能重组木的适应性［J］．木材工业，2016，30（4）：36-38.

[50] 马岩，许琼晓，许世祥．重组木碾压疏解设备关键部件的设计与有限元分析［J］．林产工业，2016，43（5）：10-14.

[51] 孟凡丹，吴秉岭，余养伦，等．单板厚度对单板层积材性能的影响［J］．木材工业，2016，30（3）：5-8.

[52] 阿伦，高志悦，马岩．施胶量和断面结构对沙柳材重组木性能的影响［J］．林业科技，2007，32（2）：42-43.

[53] 汪孙国，华毓坤．重组竹制造工艺的研究［J］．木材工业，1991，5（2）：14-18.

[54] 李琴，汪奎宏，杨伟明，等．重组竹材胶合板制造技术的研究［J］．竹子研究汇刊，2003，22（4）：56-60.

[55] 李琴，汪奎宏，华锡奇，等．小径杂竹制造重组竹的试验研究［J］．竹子研究汇刊，2002，21（3）：33-36.

[56] 张方文．竹基重组结构材料制造技术的研究［D］．北京：中国林业科学研究院，2008.

[57] 程亮，王喜明，余养伦．浸胶工艺对绿竹重组竹材物理力学性能的影响［J］．木材工业，2009，23（3）：16-19.

[58] 程亮．重组竹材制造技术的研究［D］．呼和浩特：内蒙古农业大学，2009.

[59] 梁艳君，张亚慧，余养伦，等．铺装方式对杨木重组木性能的影响［J］．木材工业，2017，31（3）：40-43.

[60] 张亚慧，张亚梅，任丁华，等．高性能重组木制造工艺对其性能的影响［J］．木材工业，2016，30（5）：31-34.

[61] 张亚梅，张亚慧，于文吉．密度对轻软木材制备重组木性能影响的研究［J］．中国人造板，2016，（4）：10-13.

［62］ 张莲洁，张连平，孟庆军．浅谈国内外木材表面粗糙度的研究现状及发展趋势［J］．林业机械与木工设备，2000，28（6）：7-9.

［63］ Peters C C, Cumming J D. Measuring wood surface smoothness: A review［J］. Forest Products Journal, 1970, 20 (12): 40-43.

［64］ Kamdem D P, Zhang J. Characterization of checks and cracks on the surface of weathered wood［C］. The 31st Annual Meeting, Kona, Hawaii, USA, 2000.

［65］ Lemaster R L, Beall F C. The use of an optical profilometer to measure surface roughness in medium density fiberboard［J］. Forest Products Journal, 1996, 46 (12): 73-78.

［66］ Richter K, Feist W C, Kanebe M T. The effect of surface roughness on the performance of finishes Part 1. Roughness characterization and stain performance［J］. Forest Products Journal, 1995, 45 (8): 91-97.

［67］ Hiziroglu S. Surface roughness analysis of wood composite: A stylus method［J］. Forest Products Journal, 1996, 46 (8): 67-72.

［68］ Faust T D, Rice J T. Characterizing the roughness of southern pine veneer surfaces［J］. Forest Products Journal, 1986, 36 (12): 75-81.

［69］ 李坚，董玉库，刘一星．木材、人类与环境（续）［J］．家具，1992（5）：15-17.

［70］ 江泽慧，于文吉，叶克林．探针法测量与分析竹材表面粗糙度［J］．木材工业，2001，15（5）：14-16.

［71］ 王明枝，王洁瑛，李黎．木材表面粗糙度的分析［J］．北京林业大学学报，2005，27（1）：14-18.

［72］ Hse C Y. Wettability of southern pine veneer by phenol formaldehyde wood adhesives［J］. Forest Products Journal, 1972, 22 (1): 51-56.

［73］ Vazquez G, Gonzalez-Alvarez J, Lopez-Suevos F, et al. Effect of veneer side wettability on bonding quality of eucalyptus globulus plywoods prepared using a tannin—phenol-formaldehyde adhesive［J］. Bioresource Technology, 2003, 87 (3): 349-353.

［74］ Singh A R, Anderson C R, Wames J M, et al. The effect of planing on the microscopic structure of Pinus radiata wood cells in relation to penetration of PVA glue［J］. Holz als Roh-und Werkstoff, 2002, 60 (5): 333-341.

［75］ Gardner D J, Generalla N C, Gunnells D W, et al. Dynamic wettability of wood［J］.

Langmuir, 1991, 7 (11): 2498-2502.

[76] Stehr M, Gardner D J, Walinder M E P. Dynamic wettability of different machined wood surfaces [J]. The Journal of Adhesion, 2001, 76 (3): 185-200.

[77] Hakkou M, Petrissans M, Zoulalian A, et al. Investigation of wood wettability changes during heat treatment on the basis of chemical analysis [J]. Polymer Degradation and Stability, 2005, 89 (1): 1-5.

[78] Maldas D C, Kamdem D R. Wettability of extracted southern pine [J]. Forest Products Journal, 1999, 49 (11-12): 91-93.

[79] Wolkenhauer A, Avramidis G, Cai Y, et al. Investigation of wood and timber surface modification by dielectric barrier discharge at atmospheric pressure [J]. Plasma Processes and Polymers, 2007, 4 (S1): S470-S474.

[80] Wolkenhauer A, Avramidis G, Hauswald E, et al. Plasma treatment of wood-plastic composites to enhance their adhesion properties [J]. Journal of Adhesion Science and Technology, 2008, 22 (16): 2025-2037.

[81] Santoni I, Pizzo B. Effect of surface conditions related to machining and air exposure on wettability of different mediterranean wood species [J]. International Journal of Adhesion and Adhesives, 2011, 31 (7): 743-753.

[82] Kutnar A, Kricej B, Pavlic M, et al. Influence of treatment temperature on wettability of norway spruce thermally modified in vacuum [J]. Journal of Adhesion Science and Technology, 2013, 27 (9): 963-972.

[83] Kutnar A, Rautkari L, Laine K, et al. Thermodynamic characteristics of surface densified solid scots pine wood [J]. European Journal of Wood and Wood Products, 2012, 70 (5): 727-734.

[84] 周兆兵, 张洋, 贾棚. 木质材料动态润湿性能的表征 [J]. 南京林业大学学报 (自然科学版), 2007 (05): 71-74.

[85] 周兆兵, 张洋, 袁少飞, 等. 速生杨木材的动态润湿性能 [J]. 东北林业大学学报, 2008 (04): 20-21.

[86] 马红霞. 毛竹/杨木复合材料界面胶合性能及其影响因素研究 [D]. 北京: 中国林业科学研究院, 2009.

[87] Zenkiewicz M. Methods for the calculation of surface free energy of solids [J]. Journal of Achievements in Materials and Manufacturing Engineering, 2007, 24 (1):

137-145.

[88] Wolkenhauer A, Avramidis G, Hauswald E, et al. Sanding vs. plasma treatment of aged wood: A comparison with respect to surface energy [J]. International Journal of Adhesion and Adhesives, 2009, 29 (1): 18-22.

[89] Wolkenhauer A, Avramidis G, Militz H, et al. Plasma treatment of heat treated beech wood—investigation on surface free energy [J]. Holzforschung, 2008, 62 (4): 472-474.

[90] Gardner D J. Application of the Lifshitz-van der Waals acid-base approach to determine wood surface tension components [J]. Wood and Fiber Science, 1996, 28 (4): 422-428.

[91] 江泽慧, 于文吉, 余养伦. 竹材表面润湿性研究 [J]. 竹子研究汇刊, 2005 (04): 31-38.

[92] 曹金珍, Kamdem D R. 不同水基防腐剂处理木材的表面自由能 [J]. 北京林业大学学报, 2006 (04): 1-5.

[93] 阮重坚, 李文定, 张洋, 等. 不同生物质材料的表面自由能 [J]. 福建农林大学学报 (自然科学版), 2012 (02): 213-218.

[94] 赵明, 黄河浪, 苗爱梅, 等. 5 种实木复合地板木材表面润湿性研究 [J]. 林业科技开发, 2009 (06): 29-33.

[95] 陈桂华. 农作物秸秆表面性能及胶合重组技术 [D]. 长沙: 中南林业科技大学, 2006.

[96] Kamdem D R, Bose S K, Luner P. Inverse gas chromatography characterization of birch wood meal [J]. Langmuir, 1993, 9 (11): 3039-3044.

[97] Dominkovics Z, Danyadi L, Pukanszky B. Surface modification of wood flour and its effect on the properties of PP/wood coinposites [J]. Composites Part a-Applied Science and Manufacturing, 2007, 38 (8): 1893-1901.

[98] Oporto G S, Gardner D J, Kiziltas A, et al. Understanding the affinity between components of wood-plastic composites from a surface energy perspective [J]. Journal of Adhesion Science and Technology, 2011, 25 (15): 1785-1801.

[99] Tze W T Y, Gardner D J, Tripp C P, et al. Cellulose fiber/polymer adhesion: Effects of fiber/matrix interfacial chemistry on the micromechanics of the interphase [J]. Journal of Adhesion Science and Technology, 2006, 20 (15): 1649-1668.

[100]　赵殊.异氰酸酯与纤维素反应产物结构及聚氨酯对木材胶接机理 [D].哈尔滨：东北林业大学，2010.

[101]　李涛，曲艳双，周秀燕，等.复合材料老化性能影响因素的研究 [J].纤维复合材料，2015，32（2）：22-25，33.

[102]　张厉丰.树脂基复合材料老化和疲劳寿命预测 [D].武汉：武汉理工大学，2013.

[103]　Bergeret A，Ferry L，Ienny P. Influence of the fiber/matrix interface on ageing mechanisms of glass fiber reinforced thermoplastic composites (PA-6, 6, PET, PBT) in a hygrothermal environment [J]. Polymer degradation and stability, 2009, 94 (9): 1315-1324.

[104]　Rowell R M. Handbook of wood chemistry and wood composites [M]. London: CRC, 2005.

[105]　Rowell R M. Chemistry of solid wood [M]. Columbus: American Chemical Society, 1984.

[106]　Yoshida H，Taguchi T. Bending properties of weathered plywood. Ⅰ. Analysis of strength loss of exposed plywood [J]. Mokuzai-Gakkaishi, 1977, 23 (11): 547-551.

[107]　Yoshida H，Taguchi T. Bending properties of weathered plywood. Ⅱ. Degradation of outermost plies [J]. Mokuzai-Gakkaishi, 1977, 23 (11): 552-556.

[108]　Hayashi T，Miyatake A，Harada M. Outdoor exposure tests of structural laminated veneer lumber Ⅰ. Evaluation of physical properties after six years [J]. Journal of Wood Science, 2002, 48 (1): 69-74.

[109]　Okkonen E A，River B H. Outdoor aging of wood-based panels and correlation with laboratory aging: Part 2 [J]. Forest Products Journal, 1996, 46 (3): 68-74.

[110]　Del Menezzi C H S，de Souza R Q，Thompson R M，et al. Properties after weathering and decay resistance of a thermally modified wood structural board [J]. International Biodeterioration & Biodegradation, 2008, 62 (4): 448-454.

[111]　秦莉.热处理对重组竹材物理力学及耐久性能影响的研究 [D].北京：中国林业科学研究院，2010.

[112]　胡玉安，何梅，黄慧，等.竹基纤维复合材料染色材耐候性能研究 [J].南方林业科学，2015，43（4）：54-57.

[113]　沈洋，龚迎春，王云，等.自然气候老化对木塑地板性能的影响 [J].西南林业

大学学报，2015，35（2）：100-104.

[114] 谢新峰. 杨木胶合板胶合耐老化性能的研究 [D]. 长沙：中南林学院，2001.

[115] 孙玉泉，彭力争，吴建国，等. 人造板耐老化性能检验方法的研究进展 [J]. 中国人造板，2011（8）：24-27.

[116] 秦莉，于文吉. 木材光老化的研究进展 [J]. 木材工业，2009，23（4）：33-36.

[117] Grassie N. Development in polymer degradation [M]. London：Applied Science Publishers，1981.

[118] Hon D N S, Chang S T. Surface degradation of wood by ultraviolet light [J]. Journal of Polymer Science, Part A: Polymer Chemistry, 1984, 22: 2227-2241.

[119] Hon D N S, Shiraishi N. Wood and cellulosic chemistry [M]. New York：CRC, 2001.

[120] Hon D N S. Formation of free radicals in photo irradiated cellulose. Ⅵ. Effect of lignin [J]. Journal of Polymer Science, Part A: Polymer Chemistry, 1975, 13: 2641-2652.

[121] Hon D N S. Formation of free radicals in photo irradiated cellulose. Ⅷ. Mechanisms [J]. Journal of Polymer Science, Part A: Polymer Chemistry, 1976, 14: 2497-2512.

[122] Hon D N-S, Chang S-T, Feist W C. Participation of singlet oxygen in the photodegradation of wood surfacds [J]. Wood Science and Technology, 1982, 16 (3): 193-201

[123] Hon D N S, Feist W C. Hydroperoxidation in photoirradiated wood surfaces [J]. Wood and Fiber Science, 1992, 23 (4): 448-455.

[124] Barta E, Tolvaj L, Papp G. Wood degradation caused by UV-laser of 248nm wavelength [J]. Holz als Roh-und Werkstoff, 1998, 56 (5): 318.

[125] Anderson E L, Pawlak Z, Owen N L, et al. Infrared studies of wood weathering. Part Ⅰ: Softwoods [J]. Applied Spectroscopy, 1991, 45 (4): 641-647.

[126] Anderson E L, Pawlak Z, Owen N L, et al. Infrared studies of wood weathering. Part Ⅱ: Hardwoods [J]. Applied Spectroscopy, 1991, 45 (4): 648-652.

[127] Pandey K K, Vuorinen T. UV resonance Raman spectroscopic study of photo degradation of hardwood and softwood lignins by UV laser [J]. Holzforschung, 2008, 62: 183-188.

[128] Horn B A, Qiu J, Owen N L, et al. FT-IR Studies of weathering effects in western

red cedar and southern pine [J]. Society for Applied Spectroscopy, 1994: 48 (6): 649-768.

[129] Pandey K K. Study of the effect of photo-irradiation on the surface chemistry of wood [J]. Polymer Degradation and Stability, 2005, 90 (1): 9-20.

[130] Wang X Q, Ren H Q. Comparative study of the photo-discoloration of moso bamboo (phyllostachys pubescens Mazel) and two wood species [J]. Applied Surface Science, 2008, 254 (21): 7029-7034.

[131] Sandermann W, Schlumbom F. On the effect of filtered ultraviolet light on wood. Part II. Kind and magnitude of color difference on wood surfaces [J]. Holz Roh-Werkstoff, 1962, 20 (8): 285-291.

[132] Muller U, Ratzsch M, Schwanninger M, et al. Yellowing and IR-changes of spruce wood as the result of UV-irradiation [J]. Journal of Photochemistry and Photobiology B: Biology, 2003, 69 (2): 97-105.

[133] Kishino M, Nakano T. Artificial weathering of tropical woods. Part 1: Changes in wettability [J]. Holzforschung, 2004, 58: 552-557.

[134] Kataoka Y, Kiguchi M, Williams R S. Violet light causes photo degradation of wood beyond the zone affected by ultraviolet radiation [J]. Holzforschung, 2007, 61: 23-27.

[135] Chetanachan W, Sookkho D, Sutthitavil W, et al. PVC/Wood: A new look in construction [J]. J Vinyl & Additive Tech, 2001 (7): 134-137.

[136] Stark N M. Influence of moisture absorption on mechanical properties of wood flour-polypropylene composites [J]. J Thermoplastic Composites, 2001, 14 (5): 421-432.

[137] 肖伟. 加速老化对木塑复合材料性能的影响-冻融、氙灯加速老化 [D]. 南京: 南京林业大学, 2010.

[138] 肖伟, 李大纲. 氙灯加速老化对复合材料抗弯强度和弹性模量的影响 [J]. 林业机械与木工设备, 2010, 38 (9): 37-39.

[139] 杨丽丽. 木质剩余物复合材料耐老化性能的研究 [D]. 哈尔滨: 东北林业大学, 2010.

[140] 包永洁, 何盛, 张泽前, 等. 硅溶胶浸渍处理对毛竹光老化性能的影响 [J]. 南京林业大学学报 (自然科学版), 2016, 40 (4): 131-136.

[141] 关明杰．竹木复合材料湿热老化效应研究［D］．南京：南京林业大学，2006.

[142] 刘建华，曹东，张晓云，等．树脂基复合材料 T300/5405 的吸湿性能及湿热环境对力学性能的影响［J］．航空材料学报，2010，30（4）：75-80.

[143] Selzer R, Friedrich K. Influence of Water up-take on interlaminar fracture properties of carbon fiber-reinforced polymer composites［J］．Journal of Materials Science, 1995, 30（2）：334-338.

[144] Selzer R, Friedrich K. Mechanical properties and failure behaviour of carbon fiber-reinforced polymer composites under the influence of moisture［J］．Composites, 1997, 28A：595-604.

[145] 过梅丽，肇研．航空航天结构复合材料湿热老化机理的研究［J］．宇航材料工艺，2002，4：51-54.

[146] Tang X D, Whitcomb J D, Li Y M, et al. Micromechanics modeling of moisture diffusion in woven composites［J］．Composites Science and Technology, 2005, 65（6）：817-826.

[147] Tounsi A, Amaar K H, Adda-Bedia E A. Analysis of transverse cracking and stiffness loss in cross-ply laminates with hydrothermal conditions［J］．Computational Materials Science, 2005, 32（2）：167-174.

[148] Pavankiran V, Toshio N, Paman P S. Inverse analysis for transient moisture diffusion through fiber-reinforced composites［J］．Acta Materialia, 2003, 51（1）：177-193.

[149] Leem C, Peppasn A. Models of moisture transport and moisture induced stresses in epoxy composites［J］．Journal of Composite Materials, 1993, 27（12）：1146-1171.

[150] 张业明，于洪明，于良峰，等．风电叶片复合材料的湿热老化性能研究［J］．材料科学，2013，3：67-71.

[151] 吕小军，张琦，马兆庆，等．湿热老化对碳纤维/环氧树脂基复合材料力学性能影响研究［J］．材料工程，2005，11，50-53，57.

[152] 黄小真．户外竹材重组材耐老化试验方法及性能研究［D］．南京：南京林业大学，2009.

[153] 华毓坤，王思群．刨花板耐老化性能的研究［J］．木材工业，1989，3（1）：7-11.

[154] 余德新，宋一然．人造板的加速老化试验研究［J］．林产工业，1993，20（4）：

17-19.

[155] 龙玲, 陈士英. 酚醛刨花板加速老化试验的研究 [J]. 木材工业, 1995, 9 (3): 6-9.

[156] 范毯仔, 余德新. 木质人造板的耐候性研究 [J]. 福建林学院学报, 1995, 15 (1): 53-56.

[157] 张双保, 周宇, 周海滨, 等. 木质复合材料用基体耐老化性研究现状 [J]. 建筑人造板, 2001 (1): 27-30.

[158] 黄小真, 蒋身学, 张齐生. 竹材重组材人工加速老化方法的比较研究 [J]. 中国人造板, 2010 (6): 25-27, 39.

[159] 黄小真, 蒋身学, 张齐生. 3 种竹材重组材耐老化性能比较 [J]. 林业科技开发, 2010, 24 (2): 55-57.

[160] 于雪斐, 祝荣先, 于文吉. 结构用纤维化竹单板层积材的耐久性能 [J]. 东北林业大学学报, 2013, 41 (4): 104-107.

[161] 张亚慧, 祝荣先, 于文吉, 等. 户外用竹基纤维复合材料加速老化耐久性评价 [J]. 木材工业, 2012, 26 (5): 6-8.

[162] 孟凡丹. 竹基纤维复合材料胶合界面及机理研究 [D]. 北京: 中国林业科学研究院, 2017.

[163] 滕新荣. 表面物理化学 [M]. 北京: 化学工业出版社, 2009.

[164] 秦志永. 木材与胶表界面润湿特性表征与影响因素研究 [D]. 北京: 北京林业大学, 2014.

[165] Fowkes R M, Mostafa M A. Acid-base interactions in polymer adsorption [J]. Industrial & Engineering Chemistry Product Research and Development, 1978, 17 (1): 3-7.

[166] Van Oss C J, Chaudhury M K, Good R J. Monopolar surfaces [J]. Advances in Colloid and Interface Science, 1987, 28 (10): 35-64.

[167] 曾竟成, 罗青, 唐羽章. 复合材料理化性能 [M]. 长沙: 国防科技大学出版社, 1998.

[168] 赵渠森. 先进复合材料手册 [M]. 北京: 机械工业出版社, 2003.

[169] 陈绍杰. 复合材料设计手册 [M]. 北京: 航空工业出版社, 1990.

[170] 付跃进, 伍艳梅, 吕斌, 等. 室外用人造板耐老化性的评估研究进展 [J]. 木材工业, 2011, 25 (5): 32-35, 43.

附　录

请扫码看附录。